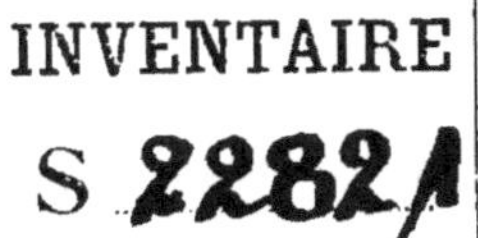

TRILOGIE AGRICOLE

PAR

J.-A. BARRAL

Directeur du *Journal de l'Agriculture*, Membre de la Société impériale
et centrale d'agriculture de France, etc.

I. Force et faiblesse de l'agriculture française.

II. Services rendus à l'agriculture par la chimie.

III. Les engrais chimiques et le fumier de ferme.

PARIS

VICTOR MASSON ET FILS

PLACE DE L'ÉCOLE-DE-MÉDECINE

1867

TRILOGIE AGRICOLE

IMPRIMERIE GÉNÉRALE DE CH. LAHURE
Rue de Fleurus, 9, à Paris

TRILOGIE AGRICOLE

PAR

J.-A. BARRAL

Directeur du *Journal de l'Agriculture*, Membre de la Société impériale
et centrale d'agriculture de France, etc.

I. Force et faiblesse de l'agriculture française.

II. Services rendus à l'agriculture par la chimie.

III. Les engrais chimiques et le fumier de ferme.

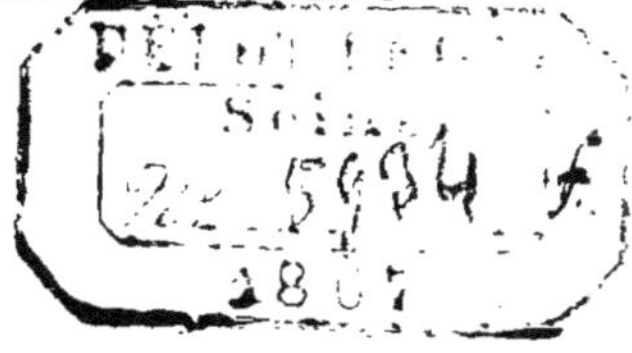

PARIS

VICTOR MASSON ET FILS

PLACE DE L'ÉCOLE-DE-MÉDECINE

—

1867

Jeune encore, l'auteur de ce livre a eu le bonheur d'être honoré de la bienveillance ou de l'amitié de savants illustres, Gay-Lussac, Arago, de Humboldt. Le comte de Gasparin à son tour lui donna plus particulièrement des encouragements, et, comme Arago, il le chargea d'achever la publication des œuvres qu'il laissait après lui. Successivement, les maîtres se sont endormis dans l'éternité de leur renommée. Le disciple a vieilli, en continuant la tâche qu'ils lui avaient conseillé d'accomplir : lutter pour le triomphe de la science positive, reposant sur la seule observation des faits.

Ce livre est un acte que l'auteur doit à la mémoire de celui de ces savants qui l'a le plus fortement engagé à poursuivre la carrière agricole.

Le comte de Gasparin estimait que c'était sur la vraie nature et le véritable rôle des engrais qu'il régnait le plus d'erreurs. C'est pourquoi il a fait en 1852 décerner par la Société d'agriculture un grand prix à de premiers travaux sur cette question. Les idées qu'il a approuvées sont maintenant généralisées et plus solidement établies. La reconnaissance lui dédie ce volume.

D'ailleurs, avec MM. Chevreul et Boussingault, le comte de Gasparin a énergiquement contribué à faire reconnaître cette vérité, que les engrais sont la matière première de l'Agriculture ; il a démon-

tré que c'est avec les principes que les engrais ajoutent à ceux contenus dans la terre et dont ils ne sont que les compléments, que les plantes forment leurs organes et fournissent d'abondantes récoltes.

Signaler la fausseté des systèmes qui préconisent un engrais comme complet lorsque cependant il ne renferme qu'un très-petit nombre d'entre les divers composés nécessaires à la végétation, c'est continuer la campagne entreprise contre les engrais dits concentrés, que l'on donnait, il y a tantôt vingt ans, comme un moyen de tirer de la terre les plus abondantes récoltes sans lui rien restituer. Le système prétendu nouveau, basé sur une restitution incomplète faite au sol arable, serait peut-être plus funeste, parce que, grâce à une illusion momentanée, il pourrait plus facilement faire des adeptes, éblouis par un étalage scientifique n'ayant cependant que le brillant du clinquant.

Il semble à l'auteur que du fond de sa tombe comte de Gasparin l'applaudit de sa nouvelle campagne contre les engrais merveilleux. C'est pourquoi il met ce livre sous l'invocation d'une mémoire illustre qui est restée chère à tous les amis de l'agriculture.

J. A. BARRAL.

PRÉFACE

Les trois parties de cette Trilogie ont été inspirées par le désir de développer les idées les plus propres à rendre plus sûrs et plus rapides les progrès agricoles.

Parmi toutes les conditions qu'il est nécessaire de remplir pour assurer la prospérité de l'agriculture, il en est trois plus fondamentales que toutes les autres.

Il faut que le cultivateur ait à sa disposition beaucoup d'engrais ; ce sont les matières premières des belles récoltes.

Il faut ensuite que le sol soit convenablement ameubli et assaini pour que l'air et l'eau puissent y circuler sans cesse, et aussi pour que les phénomènes de la capillarité qui président à l'élaboration de la séve puissent s'accomplir convenablement. C'est là le soin essentiel du laboureur; ce doit être aussi l'objet de la sollicitude du propriétaire qui veut posséder des terres fertiles et conserver un capital foncier qui ne puisse pas s'avilir.

Enfin de bons chemins de communication reliant aux bâtiments de la ferme ou de la métairie toutes les parties du domaine, en même temps que de bonnes routes pour établir une facile circulation des hommes, des attelages et des denrées, achèveront de rendre le domaine prospère. Il ne suffit pas d'avoir un trésor, il faut l'exploiter pour en jouir.

La première partie de cette Trilogie est le texte d'une conférence faite le 6 mai 1866 dans le grand amphithéâtre de l'École de médecine de Paris, sous les auspices de l'Association polytechnique que préside avec tant d'éclat et de dévouement M. Perdonnet. Cette conférence n'avait pas été écrite; elle fut recueillie par la sténographie et publiée sous le titre de *Con-*

férence sur la situation actuelle de l'agriculture en France, dans la *Revue des cours scientifiques de la France et de l'étranger*, dirigée par M. Alglave, dans un si excellent esprit d'impartialité, d'indépendance et d'amour de la vérité. La reproduction sténographique a été revue et corrigée avec soin pour être introduite dans ce volume. Le but de l'auteur avait été surtout de démêler au milieu des conditions où est placée l'agriculture française les causes de sa faiblesse et de signaler les fondements de sa puissance. Il a dû passer en revue tous les éléments de la production agricole, sonder les institutions au milieu desquelles vivent et travaillent les populations rurales, examiner les relations réciproques des propriétaires et des fermiers, des métayers et des ouvriers des champs, étudier enfin l'influence des lois et des mœurs sur l'agriculture. On a reproché à cette conférence de s'être occupée de trop de choses; mais l'agriculture n'a-t-elle pas des points de contact avec toutes les sciences, tous les arts. Si elle a particulièrement pour but de récolter des végétaux, elle doit en même temps faire naître des animaux. Enfin elle ne peut être prospère qu'en assurant un sort heureux aux populations rurales qui vivent des travaux des champs. L'économie rurale embrasse un monde tout entier, comme le prouvent les ouvrages si divers et cependant si remarquables à des points de vue presque opposés, que lui ont consacrés MM. Boussingault, de Gasparin et de Lavergne.

La seconde partie de cette Trilogie est un essai historique sur la chimie agricole, la branche de l'agronomie qui, depuis un demi-siècle, a fait le plus de progrès. Cet essai a été écrit sur l'invitation de la Société centrale d'agriculture pour être l'objet d'une lecture publique dans une séance solennelle de rentrée. Un extrait seulement du discours, en raison des développements dans lesquels il fallait entrer, a pu être lu le 12 décembre 1860 et a été ensuite publié. Tout le travail revu, corrigé et augmenté, est inséré dans ce volume. Les services rendus par les chimistes et par la chimie à l'agriculture sont exposés, l'auteur l'espère, de manière à en faire sentir l'importance capitale. L'agriculture n'est-elle pas particulièrement une industrie chimique.

Et cependant l'auteur proteste énergiquement contre l'idée qui a été émise qu'on pourrait créer artificiellement de toutes pièces une plante quelconque avec des composés chimiques exclusivement employés : tel est le sujet de la dernière partie de cette Trilogie.

Un professeur du Muséum d'histoire naturelle de Paris avait annoncé qu'il avait découvert un mélange à proportions déterminées d'un très-petit nombre de composés chimiques, mélange au moyen duquel il était désormais possible de se passer de fumier de ferme et d'obtenir toujours néanmoins de brillantes récoltes bien supérieures à celles que l'on tire aujourd'hui en général du sol arable. L'auteur de ce livre n'avait pas jugé cette découverte réelle; il se taisait pourtant, lorsque des provocations parties de plusieurs côtés, et particulièrement émanées de l'entourage du professeur du Muséum lui-même, le forcèrent à rompre le silence. Il ne parla que très-discrètement jusqu'au jour où le professeur du Muséum, inventeur d'un prétendu système cultural nouveau, étant monté dans une chaire de la Sorbonne, lança un manifeste qui fut inséré dans le *Moniteur universel* des 24, 25 et 26 mars 1866.

Dès lors il fallait empêcher l'erreur de passer sans contestation; elle marchait à grands pas; elle n'eût peut-être pas tardé à devenir une doctrine à laquelle les agriculteurs, malgré leur bon sens pratique et leur réserve habituellement si sage, eussent accordé de l'autorité. Le texte de la conférence de la Sorbonne fut reproduit, mais avec de nombreuses notes critiques. Le prétendu réformateur de l'agriculture répondit, et sa réponse a formé une brochure où il n'est pas cité textuellement une seule des objections faites à son système. Il a semblé qu'il fallait mettre une réfutation de ses nouvelles assertions entre les mains des cultivateurs.

La troisième partie de cette Trilogie contient le texte de la conférence de la Sorbonne avec toutes les annotations critiques déjà publiées; elle renferme aussi la réponse du réformateur prétendu avec les notes qui la réfutent, et elle donne une conclusion appuyée sur les faits les plus positifs.

Faites du fumier, agriculteurs, beaucoup de fumier et toujours du fumier ; achetez néanmoins des engrais commerciaux, mais seulement pour compléter le fumier, si vous ne pouvez pas avoir une quantité suffisante de prairies irriguées ou d'autres ressources de matières fertilisantes.

Il faut que dans tout domaine rural on importe au moins autant de principes fécondants que l'on exporte de denrées agricoles. Cette question de statique chimique demande à être résolue d'une manière spéciale pour chaque cas particulier. Il n'y a pas d'engrais complet. Le fumier est le plus économique des engrais, mais il doit souvent être complété par d'autres matières dont le choix dépend et des récoltes qu'on demande à la terre et de la composition du sol arable. Pour établir cette vérité fondamentale obscurcie par un professeur officiel, il a fallu avoir recours aux armes d'une vive polémique. L'auteur demande au lecteur d'être amnistié; il a vu qu'il y avait danger public, et il a agi avec énergie. Il désirerait que vraiment son intervention eût été inutile et que le bon sens des cultivateurs eût suffi pour faire justice des doctrines qu'il a cru devoir combattre. Quoi qu'il en soit, du reste, des circonstances passagères qui ont donné lieu à la dernière partie de cette Trilogie, elle établit des principes qui leur survivront, qui sont éternels et qu'il sera toujours nécessaire de suivre pour avoir une agriculture riche et prospère, produisant suffisamment pour les besoins d'une population continuant à prendre un accroissement naturel.

I

FORCE ET FAIBLESSE

DE

L'AGRICULTURE

FRANÇAISE.

Le sujet dont je viens vous entretenir sort du cercle ordinaire des préoccupations de ceux qui vivent dans les grandes capitales ; peut-être des questions relatives à des objets que vous voyez journellement autour de vous eussent-elles davantage excité votre sympathie. Mais, ce qui se passe dans les campagnes, au sein des exploitations rurales, petites ou grandes, dans les fermes, dans les métairies, là-bas dans les hameaux les plus écartés des grandes routes, ne doit-il pas captiver parfois l'attention des habitants des villes ? Aujourd'hui tous les intérêts sont solidaires; et d'ailleurs chacun de vous appartient à une famille, plus ou moins proche par le sang ou l'origine, résidant dans quelque village ou bien au milieu d'une lande, sur la montagne ou dans la plaine, peut-être au bord d'un marais, et s'y livrant aux travaux ruraux. Or, certes, quelque entraînés que vous soyez par le mouvement des affaires, par l'activité de l'atelier ou du magasin, par les distractions de la rue, par les plaisirs des théâtres ou des bals, vous vous reprenez de temps en temps à laisser errer vos pensées vers ceux qui sont loin de vous, vers des travaux que vous avez vus pour la plupart dans votre enfance, qui vous étaient familiers, au milieu desquels vous avez vécu les joyeuses années de votre premier âge. Alors, vos souvenirs se reportant vers ceux qui travaillent la terre, il vous vient certainement le désir d'apprendre si le bonheur est le compagnon de ces amis éloignés, de ces premiers témoins de vos jeunes années, qui souvent sont vos parents les plus chers.

Tous nous sortons de la terre; dans nos veines nous sentons courir du sang de paysan. Aussi, je n'en doute pas, quelque chose en vous tous sollicite votre intérêt lorsqu'il s'agit des campagnes. Vous vous sentez attirés.

Que se passe-t-il donc là-bas, le long du ruisseau, sur le bord du guéret? Est-ce que l'on y souffre, tandis qu'ici on jouit des bienfaits du luxe et des débordements d'une civilisation exagérée? S'il en est ainsi, il faut s'empresser de porter secours à des douleurs, à des souffrances imméritées. Nous sommes tous solidaires, je le répète, dans les sociétés modernes. Quel est celui qui peut se vanter d'avoir son lendemain assuré?

Nous allons donc rechercher s'il y a en agriculture des crises douloureuses; et, dans le cas de l'affirmative, nous allons essayer de trouver quelles sont les causes de faiblesse et aussi quelles sont les causes de force de l'agriculture de notre patrie.

Vous le savez, une grande enquête s'est ouverte en 1866 pour étudier la véritable situation de l'agriculture française, pour déterminer quelles sont ses souffrances et en découvrir les causes, pour chercher enfin les moyens de lui procurer une prospérité continuelle. Je veux tenter avec vous de discerner quels sont les côtés faibles et quels sont les éléments de puissance de notre agriculture. C'est notre devoir à tous d'exalter davantage sa grandeur et de diminuer sa faiblesse.

Je viens devant vous étudier ces questions à l'origine même de l'enquête, et, par conséquent, n'ayant entre les mains aucun des documents curieux que cette enquête fournira certainement ; mais je me suis dévoué assez longtemps aux intérêts agricoles pour être en mesure de prévoir dès maintenant le résultat général que donnera probablement cette recherche de la vérité sur tous les points du territoire de l'Empire ; je viens vous le dire avec simplicité et en cherchant à échapper à toute espèce d'exagération.

Les souffrances, quelles sont-elles ? Ceux qui vivent au sein des campagnes ne jouissent d'aucun des bienfaits auxquels sont habituées les populations urbaines. Les enfants reçoivent difficilement et rarement une instruction suffisante ; les malades, les vieillards et les infirmes n'y trouvent aucun des établissements de bienfaisance érigés dans les villes. La charité privée seule s'exerce peut-être avec plus de continuité. Jamais ou presque jamais, dans notre siècle, on ne souffre de la faim dans les campagnes; chacun y porte secours à celui qui a besoin. Néanmoins, la vie rurale est toujours bien rude; le corps s'y soutient, mais la vie intellectuelle n'y est pas convenablement développée. Dans beaucoup de contrées, il y a encore plutôt un bétail humain qu'une société civilisée. D'ailleurs, la vente des denrées agricoles ne fournit pas assez pour payer un salaire qui permette au cultivateur d'acheter les produits de l'industrie dont il aurait besoin pour se vêtir et pour orner sa demeure. On a bien de la peine à solder la rente du sol; les impôts indirects augmentent sans cesse; les causes de dépense s'accroissent chaque jour, sans qu'il y ait moyen de développer en proportion les causes de recettes. La propriété est grevée de grosses charges sous lesquelles elle succombe; elle ne peut plus résister; elle se détruit, elle s'émiette.

Comment ces faits, s'ils sont exacts, se sont-ils produits? Sont-ils accidentels? La France est-elle condamnée à voir son agriculture périr?

Nous avons traversé des années de grande abondance dans les récoltes; à ces années bénies de Dieu ont succédé des années de rareté.

Dans les heureuses années, le prix de toutes les choses nécessaires à la vie a augmenté en même temps que les besoins du luxe. Durant les mauvaises années, au contraire, le prix de vente des matières premières produites par l'agriculture a beaucoup baissé, dans les campagnes du moins. Il en est résulté une sorte de rupture d'équilibre entre les recettes et les dépenses d'un très-grand nombre de ménages vivant de la vente des produits de la terre.

Quand je dis que le prix des denrées agricoles a baissé, beaucoup d'entre vous assurément, surtout ceux qui habitent les grandes villes, et particulièrement Paris, doivent écouter une pareille assertion avec une certaine incrédulité. Depuis vingt-cinq ans, en effet, tout a doublé en même temps. Qui était dans une aisance heureuse avec 5,000 fr. de revenus, se trouve dans la gêne aujourd'hui avec 10,000. Pour se dire riche, il faut maintenant être plusieurs fois millionnaire. Et cependant les prix des denrées payés aux producteurs ont-ils changé dans de telles proportions ? Il suffit d'examiner les mercuriales des marchés pour répondre négativement. Les cours n'ont fortement augmenté que pour les consommateurs; les producteurs ne vendent pas en général à des prix beaucoup plus élevés; pour la plupart des produits les intermédiaires absorbent les différences.

Au point de vue de la consommation, il semble, en effet, qu'à mesure que le prix des denrées s'élève et atteint un certain niveau, c'est pour ne plus jamais en descendre. On connaît un mot prononcé après 1830 à la Chambre des députés. Le budget venait d'atteindre un milliard, ce dont on s'effrayait beaucoup, et un député de dire : « Vous ne reverrez jamais ces rives heureuses ; autrefois le budget était de 900 millions, et vous vous en plaigniez. Croyez bien que jamais il ne redescendra au-dessous de ce milliard qui vous effraye, et que plutôt il s'élèvera toujours ! » — Et aujourd'hui nous pouvons affirmer aussi qu'une fois nos deux milliards de dépenses budgétaires dépassés, nous ne reviendrons jamais au-dessous. Or, ce qu'on dit des dépenses de l'État est vrai, toutes proportions gardées, du budget des particuliers.

Il y a ainsi un niveau que l'on prend : on s'habitue, dans les temps de prospérité, à une dé-

pense excessive, et, lorsque plus tard on n'a plus
le produit qui était en rapport avec cette dépense,
on souffre, on crie, on se plaint beaucoup. Il
faudrait supprimer ou diminuer la dépense, faire
un retour sur soi-même ; mais on ne le fait
jamais ! C'est ce qui arrive aujourd'hui pour les
consommateurs, qui payent tout fort cher, les
consommateurs des campagnes comme ceux des
villes. Les revenus se sont relativement amoin-
dris, et la gêne est venue, avec les mille embarras
qui amènent dans les familles les souffrances
physiques et morales, les défaillances du cœur,
les désordres de tous genres.

Dans les ménages des champs, les choses ne
se passent guère autrement que dans ceux des
villes. Le théâtre et les accessoires changent ; le
fond reste le même. Aujourd'hui, nulle part il
n'y a équilibre ; mais cela ne tient pas à ce que
la terre est moins fertile, à ce que les circonstances météorologiques sont bouleversées. Grâce
à Dieu, notre climat est toujours celui où le soleil
fait venir et fructifier les moissons les plus variées,
où l'on bat dans les granges les meilleurs blés, où
l'on porte aux pressoirs les meilleures vendanges.

Mais c'est là le malheur, a-t-on dit : la France parfois produit trop !

N'y a-t-il pas une sorte de blasphème à venir proclamer que, lorsque la moisson est abondante, cette récolte, que la Providence fait obtenir au cultivateur pour le récompenser de son travail, est un malheur? Se plaindre de l'abondance des récoltes, n'est-ce pas chose abominable; cela ne révolte-t-il pas le bon sens? Lorsque la terre a beaucoup produit, lorsque le ciel a béni les efforts du cultivateur, il faut dire que c'est un immense bonheur! Si l'avilissement du prix des denrées en est la conséquence, et s'il en résulte des désastres particuliers, soyez convaincus qu'il y a des défauts d'organisation dans le domaine rural et dans son mode d'exploitation. Ces défauts, il faut les faire disparaître; mais il ne faut jamais en conclure qu'une disette ou qu'une rareté, — qui introduisent la faim dans les ménages, la faim chez les pauvres, — il ne faut jamais dire qu'un pareil événement serait un correctif susceptible de guérir le mal d'une année fertile. Répétons-le bien haut, on doit s'applaudir des récoltes abondantes; ce n'est pas à les tarir qu'on peut s'attacher, ce n'est pas dans leur diminution qu'on pourrait trouver le remède aux souffrances de l'agriculture d'une grande nation telle que la France.

Ces souffrances ont été cependant caractérisées de cette manière : Un hectolitre de blé revient au cultivateur à 16 ou 17 francs ; il l'a vendu tout au plus de 15 à 16 francs ; il a donc été en perte, et par conséquent, il n'a plus eu l'argent nécessaire pour pourvoir aux dépenses de son exploitation, pour payer les impôts, pour solder la rente de la terre, et peut-être même pour acheter les autres denrées nécessaires à sa subsistance. Le malheur est ainsi venu s'asseoir au foyer de l'agriculteur.

Malheureusement, cette histoire est celle d'un grand nombre de familles rurales, non pas aujourd'hui seulement, mais dans tous les temps ; mais aujourd'hui les cris de souffrance se font mieux entendre qu'autrefois ; on prête une oreille plus attentive à toutes les plaintes. Les sociétés modernes regardent comme un devoir de veiller sur tous leurs membres.

Que si l'on scrute partout, on s'aperçoit bientôt que nombre de malheurs particuliers sont venus aggraver la crise causée par les mauvaises conditions dans lesquelles se sont trouvés placés les producteurs de céréales. Que de spéculations agricoles jadis florissantes sont maintenant en décadence!

La culture du mûrier, autrefois si productive, ne donne plus même en quelques pays de quoi payer l'impôt de la terre, depuis la maladie qui sévit sur les vers à soie. Les cultivateurs de garance ont vu leurs produits tomber à vil prix. La culture des pommes de terre, qui était si productive jadis, a été un moment presque abandonnée dans beaucoup de localités, et nombre de féculeries ont dû alors cesser de travailler.

Heureusement que toutes les branches de la production agricole ne se présentent pas sous d'aussi sombres aspects. Il y a des régions, celles des herbages, par exemple, qui sont loin de souffrir; car aujourd'hui, la production de la viande est fortement encouragée par les hauts cours de cette denrée. Le beurre, les œufs, les volailles, tous les produits de la basse-cour sont payés à des prix doubles de ceux qu'ils trouvaient sur les marchés il y a vingt ans. Ajoutons encore que les régions où prospère la vigne s'enrichissent chaque jour, après avoir désespéré lorsqu'elles ont été frappées par l'oïdium. Les prix des vins se sont élevés au point que la fortune est venue inopinément trouver des vignerons qui croyaient devoir vivre toujours dans une sorte de misère. Les régions où le soleil est assez bienfaisant pour que le pin fournisse un abondant écoulement de résine, ont vu l'aisance s'asseoir aux foyers des habitants de terrains naguère réputés à jamais stériles.

Mais la prospérité des uns n'empêche pas la misère des autres. De grandes souffrances ont réellement atteint les contrées qui produisent principalement des céréales, celles dans lesquelles toute la spéculation du cultivateur repose sur la vente plus ou moins avantageuse de l'hectolitre de blé. Là, il est évident que, si le prix de revient est plus fort que le prix de vente, le cultivateur doit nécessairement perdre, puisqu'il ne fait pas autre chose que des céréales.

Il y a bien à cet état de choses quelques compensations ; car, presque nulle part, en réalité, on ne cultive exclusivement du blé ; on fait en même temps de l'avoine, par exemple, et l'avoine se vend à des prix généralement rémunérateurs; on fait des fourrages, des pailles, qui sont aussi vendus à des cours très-satisfaisants.

Il faut en outre, si l'on veut atteindre l'exacte vérité, diviser en plusieurs séries distinctes, en classes, les différents producteurs de blé, pour déterminer quels sont ceux qui sont le plus lésés par l'avilissement des prix des céréales.

Deux grands systèmes d'exploitation du sol se rencontrent en France : le métayage, c'est-à-dire une association entre le propriétaire et le cultivateur, avec partage des fruits de la terre entre les deux; et le fermage, où le cultivateur est un entrepreneur qui loue une ferme en payant une rente déterminée au propriétaire, qui n'intervient pas dans la culture.

Le métayer est moins exposé que le fermier aux inconvénients des variations des cours des denrées agricoles; car, quand une année est abondante, il a d'abord, dans le partage des fruits à moitié, une riche rémunération; pour ces années-là, ses moyens d'existence sont complétement assurés, et de plus il a encore un excédant de récolte qu'il

vendra et qui par conséquent lui procurera un bénéfice. C'est dans les années de rareté seulement
que le métayer peut souffrir, alors que la terre n'a
produit que tout juste pour la subsistance du
colon, ou même qu'elle a donné moins que ce
qui est nécessaire à sa vie et à celle de sa famille.

Le fermier, au contraire, peut être dans la
gêne, soit qu'il y ait abondance, soit qu'il y ait
disette. Tout dépend pour lui de la valeur du produit de la quantité des récoltes multipliée par leur
prix de vente; il faut qu'il s'occupe des deux fac-
teurs de ce produit. S'il s'est engagé à payer à son
propriétaire une rente en argent trop considérable,
il peut être ruiné par une série de mauvaises récoltes, dans le cas où, en même temps, le prix de
vente des denrées qu'il obtient est trop faible. Les
hauts prix ne sont pas toujours une garantie de
prospérité; il faut que le produit de la quantité
récoltée par le prix du marché fasse un capital
suffisant, afin de pourvoir à toutes les dépenses
de la vie, à toutes celles qu'exige l'exploitation
des domaines dont le fermier a pris la charge,
pour solder enfin le prix de son bail.

Lorsque le fermier peut payer en nature, il

court souvent moins de risques; il suffit qu'il récolte assez pour donner au propriétaire les **sacs** de blé qu'il s'est engagé à livrer annuellement; c'est le propriétaire qui souffre alors des bas prix et profite des cours élevés. Mais ce mode de contrat devient chaque jour plus rare. Beaucoup de propriétaires du sol français continuent malheureusement à se désintéresser des soucis de la propriété rurale. Le contraire devrait arriver. Combien de fils de famille feraient mieux de cultiver leurs terres que de se ruiner dans de flétrissantes débauches, dont le spectacle afflige tous les jours nos regards! Sans s'adonner complétement aux durs labeurs du travail de la terre, ils pourraient employer leur temps utilement pour leur intérêt et fructueusement pour la patrie, en cultivant au moyen de régisseurs associés. Ceux qui ont pris ce parti mènent une vie honorable et heureuse. Ils ne sont pas en outre atteints trop fortement par les crises où peuvent succomber les fermiers. Leur subsistance est toujours assurée comme celle des métayers. Ils n'ont qu'un échec à éviter. Il ne faut pas qu'ils portent leurs dépenses de luxe à un niveau trop élevé : car, comme ils ne trouveront pas toujours dans la vente de leurs denrées de quoi payer ce luxe, ils pourront tout à coup se trouver placés, par suite d'une mauvaise année, dans une situation difficile.

Quant à la classe des ouvriers ruraux proprement dits, elle n'est jamais en souffrance lorsque les récoltes sont abondantes; mais, à la longue, si les propriétaires, si les fermiers, se trouvent atteints dans leur fortune, les travaux des champs sont diminués; et alors, le travail manquant, ceux qui n'ont pour vivre que des salaires faisant tout à coup défaut, sont à leur tour frappés par une crise qui devient générale.

Il faut s'attacher à faire que, lorsqu'un pays produit beaucoup, il puisse avoir des débouchés qui y empêchent l'avilissement du prix des denrées agricoles; si le marché intérieur est encombré, on doit au moins pouvoir vendre au dehors. La liberté d'exportation, la liberté commerciale absolue constituent donc un grand bienfait qui nous a été donné seulement il y a quelques années, ou plutôt qui nous a été rendu, car la France en avait jadis joui un moment avant les lois restrictives qui ont été abolies en 1861.

Mais pour savoir s'il sera avantageux d'ouvrir
des débouchés à l'étranger, il faut, entre plusieurs conditions essentielles, rechercher si nos
denrées sont produites à des prix tels qu'elles
puissent supporter la concurrence du dehors.
Est-ce que les conditions d'impôt, de rente du
sol, de prix des salaires, de prix de transport,
et tant d'autres encore, sont les mêmes chez
nous et à l'étranger? Si notre agriculture, notre
industrie, ne produisent pas à des prix aussi
bas que l'agriculture et l'industrie des nations
voisines, il doit y avoir des causes à une infériorité si déplorable. Il faut rechercher ces causes,
il faut trouver ce qu'on doit changer dans les lois,
les impôts, les institutions, pour rétablir l'égalité.

Une question ardue se présente ici impérieuse-
ment. C'est celle de la détermination des éléments
du prix de revient de chaque denrée agricole. Or,
rien n'est plus difficile à établir. Ce qui convient à
une exploitation rurale est faux pour l'exploitation
voisine. On a donné des prix de revient moyens,
mais les moyennes ne correspondent pour ainsi
dire à aucune réalité; elles ne sont la vérité pour
presque personne; le prix de revient varie d'un

lieu à l'autre dans une même année; il varie
d'une année à la suivante dans un même lieu; il
varie à l'infini. Pour vous montrer l'abus des
moyennes, je vous rapporterai une anecdote; j'ai
été témoin des faits. Il y a une dizaine d'années,
dans un concours agricole du Midi, où étaient
exposés d'excellents vins de toute nature, des
vins vieux et des vins nouveaux, des vins sucrés
et des vins secs, des vins mousseux et des vins
sans acide carbonique, il y eut un banquet pour
terminer la fête agricole, selon l'habitude que vous
connaissez bien. Un banquet est partout le couron-
nement des solennités où les hommes sont conviés;
c'est la répétition profane de la cène; c'est la com-
munion. Les exposants résolurent de donner leurs
vins pour qu'ils fussent bus dans le banquet; ce
n'était pas, à vrai dire, une complète générosité,
car beaucoup comptaient démontrer, par la dégus-
tation, la bonté de leurs produits et en tirer honneur ou profit, en vue d'ailleurs d'accroître ainsi
peut-être leur clientèle. Mais il vint un scrupule
à un organisateur, à un administrateur, veux-je
dire; — ils ont souvent de singuliers scrupules,
les administrateurs qui ne voient que la lettre

et non l'esprit des règlements! — Cet administrateur réfléchit qu'il y aurait des convives qui boiraient du bon vin et d'autres qui en auraient de détestable, puisque les bouteilles allaient être réparties d'une façon tout à fait abandonnée au hasard, sur la table de deux ou trois cents convives. Cette répartition lui parut souverainement injuste! Alors il imagina de faire venir un tonneau, et de faire vider toutes les bouteilles dans ce tonneau. Puis, quand le tout fut bien mélangé, il remit le vin dans les bouteilles des exposants sans rien changer aux étiquettes. — Vous voyez d'ici les scènes qui vont se passer, lorsque les convives auront pris place à table, lorsque les exposants, fiers de leurs bons vins, s'empresseront de remplir les verres de leurs voisins, confiants qu'ils seront dans des étiquettes montrées avec fierté. — La journée avait été très-chaude; le mélange avait fermenté horriblement. Tout le monde eut un breuvage détestable. Voilà l'image, hélas! de beaucoup de moyennes fournies par les statistiques.

Oui, les moyennes ressemblent souvent à ce mélange du bon vin et du mauvais vin. Il faut donc se garder de jamais abuser de ces sortes de calculs et de croire que ce qui est vérité dans une localité peut être regardé comme une vérité ailleurs. La seule chose possible est d'établir des approximations, en ayant soin de tenir compte de toutes les causes d'erreur.

Les prix de revient sont en général trop élevés dans l'agriculture française qui, dès lors, a redouté avec raison la concurrence étrangère; mais il est possible de les abaisser et, par suite, de soutenir la lutte avec les nations voisines sans succomber. Entrons dans quelques détails sur cette question fondamentale de l'économie rurale.

Pour toute denrée produite par l'agriculture, les éléments qui forment la partie principale de son prix de revient sont l'impôt, la rente du sol et du capital d'exploitation, les salaires, les engrais, les prix des transports.

D'abord, parlons de l'impôt. Partout où il y a un produit, se montre la main du fisc, c'est-à-dire de l'État. Le fisc donc intervient pour réclamer sa part; il prend une certaine somme d'argent. Il faudrait tâcher que cette contribution forcée fût le moins considérable possible. Le cultivateur n'y peut pas grand'chose jusqu'à présent; il est obligé de payer son rôle de contribution au percepteur quand celui-ci lui en envoie la sommation. Toutefois il commence à tenir un peu les cordons du budget par le suffrage universel. Il s'instruit chaque jour davantage et se rend compte particulièrement de la lourdeur excessive des impôts indirects, des droits de mutation et d'enregistrement, des droits d'octroi; il commence à demander des réformes; l'impôt des boissons lui paraît excessif; les gens de justice lui semblent coûter bien cher. Il est démontré que tous ces impôts grèvent la production plus que l'impôt foncier direct.

Disons aussi quelques mots de la rente du capital, et ici distinguons bien deux choses: la rente qui est l'intérêt du prix de la terre elle-même, et la rente du capital engagé dans l'exploitation. Trop souvent on confond ces deux intérêts qui ont des origines bien diverses.

La rente de la terre devrait être à peu près fixe, ou du moins les limites de ses variations devraient être en rapport avec celles que les capitaux rencontrent sur le grand marché des valeurs mobilières, et qui proviennent des rapports de l'offre et de la demande librement débattues sans aucune gêne législative.

Malheureusement, lorsqu'un fermier a amélioré son champ, et que la fin de son bail arrive, le propriétaire augmente le fermage si le rendement du champ est devenu plus considérable. Aussi le fermier a-t-il l'habitude, en France, d'épuiser la terre pendant les trois ou quatre dernières années de son bail, de la ruiner, d'en tirer tout ce qu'elle est capable de rendre, parce que, se dit-il, s'il la laissait en bon état au propriétaire, celui-ci doublerait peut-être le taux du fermage. Un remède pourrait être apporté à ce mal, et ce remède a été appliqué en Angleterre ; il constitue un acte du parlement britannique, qui s'appelle la clause de lord Kames. Quand le fermier entre en possession d'une terre qu'il a louée, d'un domaine qu'il doit exploiter, il est fait une expertise de la valeur de la terre ; lorsqu'il doit abandonner son bail, au bout de quinze, dix-huit ou vingt ans, peu importe le temps, une nouvelle expertise intervient, et, s'il y a plus-value provenant des améliorations effectuées, le propriétaire qui renvoie son fermier est obligé de payer la différence, de payer l'amélioration ; il en résulte qu'en Angleterre on ne renvoie jamais le fermier. Le fermier, à moins qu'il ne veuille s'en aller lui-même, reste toujours sur la terre ; il cultive de père en fils le même sol. Il s'établit ainsi une solidarité, une association perpétuelle entre les propriétaires fonciers et les exploitants du sol. Les premiers s'intéressent beaucoup aux améliorations, parce que ces améliorations leur font honneur, et que d'ailleurs leur capital véritable s'accroît. Tout propriétaire dont le fermier cultive bien la terre comprend que la valeur de son fonds augmente, et que par conséquent il est intéressé à ce que tous les progrès de la science et de la pratique soient appliqués sur ses domaines. De son côté, le fermier qui améliore sait que, dans le cas où il tomberait dans une liquidation ou sur un mauvais propriétaire, on lui payerait ses améliorations. Voilà donc un remède facile, qu'on pourrait introduire en France pour faire que la rente du sol, cet élément important du prix de revient, et qui n'est autre que la rente du capital foncier, ne fût pas hors de proportion avec la valeur des produits, et ne pesât pas trop fortement sur le cultivateur qui est obligé de la payer.

L'absentéisme des propriétaires est une des principales causes de faiblesse de l'agriculture française, parce qu'il est presque absolu. Non-seulement un grand nombre de propriétaires ne résident jamais à la campagne, mais encore ils ne s'intéressent nullement à leurs domaines agricoles; pourvu qu'ils touchent leurs revenus, ils sont satisfaits. Une telle situation ne peut être changée que par une meilleure instruction qui tournera davantage les esprits vers les choses des champs.

L'autre partie de la rente du capital, celle qui est afférente au capital d'exploitation, est généralement bien plus rémunératrice que la rente du sol. Lorsque le capital foncier ne rapporte que 2 ou 3 pour 100, le capital d'exploitation en bétail, en machines, en améliorations diverses, donne le plus souvent un revenu de 8 à 10. Malheureusement, beaucoup de cultivateurs n'ont pas un capital d'exploitation suffisant. Alors leurs champs ne donnent que de faibles produits. Il faudrait que le crédit agricole fût organisé de manière à obvier à un tel inconvénient. Tout

cultivateur honnête et intelligent devrait pouvoir
trouver, dans ses moments de besoin, de l'argent à un taux en rapport avec ce qu'il peut
tirer d'un capital bien employé. C'est là une
grave question que l'on peut parvenir à résoudre au moyen de banques locales. Déjà, dans le département de Seine-et-Marne, on a réussi à faire
qu'un assez grand nombre de fermiers pussent,
en raison de la confiance qu'ils inspiraient personnellement, aller puiser, tout comme les industriels et les commerçants, à ce réservoir commun qu'on appelle la Banque de France. L'agriculture, chez nous, est encore considérée comme
une mineure par la législation ; de plus, le code
Napoléon a accordé au propriétaire, qui s'occupe
si peu de ses domaines, des priviléges qui
ne sont plus justifiés par l'état actuel de la
société. Les réformes qui seront certainement
opérées dans un avenir peu éloigné feront disparaître ce côté faible de notre organisation
agricole.

Nous devons maintenant aborder l'élément
qui aujourd'hui tend le plus à grever le prix de
revient de toutes les denrées agricoles ; nous

voulons parler de l'accroissement des salaires ré-
clamés par les ouvriers ruraux.

L'augmentation des salaires est générale dans
les campagnes. Quelques-uns s'en plaignent; pour
moi, en me plaçant au point de vue de l'amélioration du sort de la classe la plus nombreuse de
la population, j'y applaudis de toutes mes forces ;
je suis très-heureux quand je vois des ouvriers
mieux payés. Vous savez combien la différence
des salaires ruraux et urbains est une excitation
pour les gens de la campagne à émigrer dans les
grandes villes. Quand on vient leur dire qu'ils
ne gagnent qu'un franc cinquante centimes dans
les travaux ruraux et qu'ils pourront gagner 3 et
4 francs dans les villes, ils ne tardent pas à céder
à un attrait trompeur, car ils ne se doutent pas
de l'accroissement de dépenses qui les frappera dès
qu'ils deviendront citadins. Mais si les salaires des
campagnes gardaient une juste proportion avec les
salaires des villes; s'ils allaient en croissant en
même temps que ceux de l'industrie et des manufactures, alors, l'instruction aidant, le paysan resterait à son champ; il n'abandonnerait plus la demeure paternelle; il aimerait à la laisser à ses en-

fants ; il continuerait à cultiver la terre et goûterait, soutenu par une mâle et suffisante instruction, plus de bonheur dans les occupations rurales qu'on n'en trouve d'ailleurs dans les populeuses cités. Les questions de salaires se résolvent toujours par un compromis. L'offre et la demande font l'équilibre. La raison finit par avoir raison même des exigences les plus exagérées. Lorsque les bras de l'homme veulent se faire payer plus qu'il ne convient afin de pourvoir aux besoins de la vie dans les conditions économiques de temps et de lieu, il arrive que les machines y suppléent. Le capital intervient ici par sa puissance. Les institutions de crédit finiront certainement par rendre facile la transformation de l'outillage rural. Aux époques de transition telles que la nôtre, alors que la stabilité n'est nulle part, tout changement dans les prix des choses entraîne des crises. Les populations ouvrières sont inquiètes et manquent de foi. Ceux qui ont en main la fortune ne songent pas que le meilleur placement qu'ils pourraient en faire serait autour d'eux et non pas dans les spéculations lointaines ou anonymes. Au fond, l'agriculture qui progresse, qui accroît fortement le rendement du sol, peut aussi mieux payer la main-d'œuvre; elle fait mieux vivre ceux qu'elle emploie. Dans le prix de revient des denrées agricoles, l'accroissement des salaires ne pèse pas en temps ordinaire trop lourdement; quelquefois seulement, aux saisons des travaux pressés, lors des moissons ou des vendanges, les bras manquent tout d'un coup. Les ouvriers n'accourent plus alors comme jadis pour exécuter la dure besogne des champs, besogne qui courbe l'homme depuis l'aurore jusqu'au soir sous l'action brûlante du soleil. On veut obvier à ce manque de bras en demandant que les soldats puissent retourner aux champs, au moins momentanément, afin d'accomplir rapidement la rentrée des récoltes. Il est évident, en effet, que l'organisation de l'armée devrait être plus en rapport avec les besoins d'une nation essentiellement agricole. Tous les ans, une jeunesse plus nombreuse est enlevée à la campagne et appelée à la vie de caserne. On la prend alors qu'elle est dans l'âge de la première virilité et on lui défend le mariage; on l'éloigne du séjour des champs pour la promener de grande ville en grande ville. On épuise ainsi la séve la plus précieuse de la population. Nous sommes loin, grand Dieu, de vouloir que la France n'ait pas une armée suffisante pour tenir le rang qui lui appartient devant l'Europe; mais n'y a-t-il pas moyen de trouver une organisation telle que la jeunesse, tout en se formant au métier des armes, ne s'éloigne pas de ses foyers et fonde des familles à l'âge où le cœur parle.

Mais quittons ces questions difficiles et pourtant urgentes à résoudre; poursuivons l'examen des divers éléments du prix de revient du blé et des autres produits du sol, puisque de toutes parts on a conseillé aux agriculteurs de s'efforcer de produire à meilleur marché.

On vient déjà de voir que, si le conseil est bon en principe, il n'est pas d'une application commode. Voici cependant un point sur lequel il est possible d'agir immédiatement. Nous voulons parler des engrais.

L'engrais est la matière première de l'agriculture. C'est avec l'engrais, complétant les principes utiles aux plantes déjà contenus dans le sol arable, qu'on fait du blé, qu'on fait de la viande, qu'on fait toutes les denrées alimentaires et tous les vêtements que nous employons, tous les objets, pour ainsi dire, dont nous nous servons ; c'est-à-dire que, avec l'engrais complétant le sol arable, on obtient toutes les matières d'origine végétale ou animale qui servent à la satisfaction des besoins de l'homme.

Par suite d'une loi providentielle admirable, toute substance en décomposition, tout ce qui, ayant cessé de vivre, se transforme, est un aliment pour les plantes. Il faut donc recueillir toutes les matières rejetées par les hommes et par les animaux et les rapporter dans les champs. Ce ne sont que les substances ayant déjà vécu qui se décomposent de cette façon. Ajoutons cependant que quelques matières minérales, par suite de leur contact avec des principes ayant revêtu la forme organisée, peuvent entrer à leur tour dans le cercle de la vie et augmenter la quantité de matière organisée existant à la surface de notre globe.

On peut représenter la grande loi naturelle que nous signalons en disant qu'à un moment donné il y a équilibre entre les habitants de notre planète, hommes ou animaux, et la végétation. Les hommes se nourrissent de viande et de végétaux ;

les animaux eux-mêmes, qui donnent la viande, se nourrissent de plantes. Il y a ainsi en présence, d'un côté la vie végétale, et de l'autre côté la vie animale.

Le végétal devenu la nourriture de l'homme ou du bétail se trouve détruit dans l'organisme. Une partie en est rendue à l'atmosphère par les poumons, à l'état d'acide carbonique, de vapeur d'eau et de quelques autres gaz, en échange de l'oxygène de l'air qui est combiné avec les aliments ; une autre partie est rejetée dans les liquides et les solides immondes. Ainsi, voilà le végétal transformé d'une part en acide carbonique qui se répand dans l'air, et d'autre part en différents détritus, en différentes déjections, pour employer le mot technique. Ces déjections reviennent à la terre ; les plantes y puisent plusieurs des éléments nécessaires pour constituer leurs organes, tandis que, reprenant d'un autre côté à l'atmosphère aérienne ou à l'atmosphère contenue dans les pores du sol tout le carbone qui s'y trouve à l'état d'acide carbonique, elles rendent l'oxygène en prenant ce carbone, en se l'assimilant. Chacun de nous consomme par jour

250 grammes de carbone, c'est-à-dire une quantité équivalente, passez-moi ce détail, à plus de 1 litre de charbon de bois. Elle est énorme, on le voit, la masse de charbon que les êtres vivants brûlent en quelque sorte chaque jour pour la restituer à l'atmosphère, où les plantes la ressaisissent afin de la rendre plus tard encore à la vie animale. La quantité de gaz acide carbonique mis à la disposition des végétaux peut être diminuée par la dissolution qu'en font les eaux et par toutes les causes qui emmagasinent le carbone dans les produits conservés ; mais les volcans en jettent tous les jours dans l'air des masses énormes ; la combustion de la houille en fournit aussi des volumes considérables qui servent à l'accroissement de la vie organique.

De même que la végétation s'empare du carbone qui a passé par la vie animale, de même aussi les plantes reprennent dans le sol les éléments des déjections solides et liquides de la vie animale.

Tel est l'équilibre qui s'établit. Mais si, parmi les diverses matières rejetées par les hommes ou par les animaux domestiques, il en est quelques-unes qui soient abandonnées aux cours d'eau, et aillent se disperser dans la mer, c'est autant de perdu pour les végétaux. En diminuant ainsi d'une fraction quelconque, ne fût-ce que d'un millionième, la quantité de végétaux qui existe sur la surface solide de la terre, — je ne parle encore que de celle-ci, — on porte une atteinte grave à la vie des animaux qui peuplent les îles et les continents.

Il est certain, malheureusement, qu'aujourd'hui le cultivateur français ne dispose pas d'une quantité suffisante d'engrais. C'est là la principale faiblesse de notre agriculture, et il faut promptement y porter remède.

Si une société était organisée de manière à jeter toujours à la mer tous les détritus de la vie animale, insensiblement elle arriverait à la famine, à la destruction de la population. La quantité de la vie sur les continents diminuerait peu à peu. Il n'y aurait, pour bénéficier de cette partie de la vie ainsi détruite, il n'y aurait que les habitants des mers, c'est-à-dire les êtres innombrables qui peuplent l'Océan à toutes ses profondeurs. Rien ne se perdrait donc en réalité ; les poissons se

multiplieraient, et la vie animale augmenterait
d'une façon considérable dans les immensités
océaniques, au milieu des eaux et dans les bas-
fonds encore inconnus de l'homme. C'est pourquoi aujourd'hui, puisque depuis tant de siècles
déjà on a l'habitude de laisser écouler les matières d'origine organique vers la mer, il faut
avoir recours aux substances vivantes cachées
dans l'Océan, qui recouvre les deux tiers de notre
globe, pour tâcher de les réintégrer à la surface
de la terre. Il faut faire des pêches de poisson
abondantes; il faut recueillir les fucus; il faut
ramener les coquillages et tous ces êtres nombreux qui vivent dans le fond de la mer et ont été
toujours en pullulant; il faut les ramener dans le
cercle de la vie terrestre, à la fois végétale et animale, dont l'homme est le principal foyer et doit
être le moteur.

Pour augmenter davantage cette quantité de
vie à la surface de la terre, il faut avoir recours
encore à quelques gisements plus ou moins considérables de matières fertilisantes, qui existent
dans les profondeurs de l'écorce solide de notre
globe; par exemple, aux bancs de phosphate de

chaux, c'est-à-dire de cette matière qui est identique avec une partie de la substance de nos os. Il faut retirer ce phosphate de chaux des mines où il est enfoui, et s'efforcer, en le plaçant en contact avec les matières organisées qui proviennent de la décomposition de la vie animale, de constituer une nourriture plus abondante pour les végétaux. On devra aussi avoir recours à d'autres agents minéraux, à la chaux, au plâtre, aux nitrates, aux sels de potasse qui existent dans les eaux de l'Océan, et dont on a récemment découvert des gisements, au sein de la terre même, en Allemagne. Tous ces minéraux, entrant d'abord dans la constitution des plantes, pénétreront ensuite dans celle des animaux. L'ensemble de la matière organisée augmentera ; les transformations incessantes, dont j'ai cherché à montrer l'admirable cercle, se multiplieront ; on pourra ainsi accroître la quantité de vie qui règne à la surface de notre planète.

Voilà donc la manière générale d'attaquer la question des engrais ; d'une part, en ayant soin que rien ne se perde dans les villes et dans toutes les habitations, et d'autre part, en ayant recours aux abîmes de l'Océan, aux pêches sur tous les bancs et sur toutes les côtes maritimes, et enfin, en explorant les profondeurs du sol sur lequel nous marchons, pour ramener à la surface tous les composés qui peuvent entrer dans l'organisme végétal ou animal.

Il y a d'ailleurs à cette manière d'agir un intérêt de premier ordre. C'est tellement une condition de la vie humaine, à la surface de la terre, de recourir aux détritus en désorganisation, que si l'homme, se reposant dans sa paresse, néglige une telle ressource, ces matières deviennent alors des poisons actifs, et menacent de tuer les vivants. Elles se font le foyer de toutes les épidémies; et l'homme, ayant à côté de lui une matière qui devient un poison, est bien obligé, lorsque la science lui a indiqué la source des miasmes qui altèrent l'atmosphère, d'enfouir cette matière dans la terre pour la transformer en engrais. Le premier principe d'une bonne hygiène, c'est de renvoyer à la terre, le plus tôt possible, tous les détritus, qui, sans cela, deviendront bientôt menaçants pour la santé publique. Malheureusement ce principe n'est pas encore parfaitement bien compris, ni par conséquent bien appliqué.

Sans doute déjà nombre d'industriels ont songé à tirer parti de toutes les vidanges des villes pour l'agriculture ; mais, en général, ils ne les utilisent qu'après leur avoir fait subir des décompositions qui diminuent d'abord une partie de leur valeur, et qui, en outre, répandent dans l'atmosphère des corps fétides et délétères. Il faudrait, à l'origine même, dans les ménages, avoir recours à des désinfectants. Depuis quelques années, on se sert de l'eau en plus grande abondance ; cela désinfecte, cela purifie l'intérieur des appartements ; mais cela ne fait autre chose aussi que d'envoyer immédiatement les matières fertilisantes dans les égouts qui les conduisent à la mer. A Paris, les égouts aboutissent à Asnières ; là les eaux qui ont nettoyé la grande ville vont se mélanger à la Seine. Le beau fleuve menace d'empoisonner un jour les habitants de tous les villages, de toutes les villes qui existent sur ses rives admirées. Dans tous les cas, les matières fertilisantes que ses flots charrient vont en fin de compte se répandre dans l'Océan, et diminuer, ainsi que cela doit être bien compris maintenant, la quantité de vie à la surface de la terre.

Ce n'est donc pas là une solution réelle du problème que nous examinons, mais simplement une amélioration de l'hygiène des grandes villes. Il faudrait, comme cela a lieu d'ailleurs à Édinburgh ou à Milan, par exemple, et dans quelques autres villes, que les cours d'eaux immondes, au lieu de se perdre dans les rivières et ensuite dans l'Océan, fussent répandus en irrigations sur les plaines incultes qui occupent plusieurs milliers d'hectares, le long des côtes maritimes elles-mêmes, avant les embouchures des fleuves. C'est une chose qui se fera un jour; mais, en attendant, il faudrait dès ce moment empêcher que, pendant son parcours, un fleuve impur, qu'il s'écoule rapidement vers la mer ou qu'il soit répandu à l'état d'irrigation sur la surface du sol, continuât à envoyer dans l'atmosphère des émanations malsaines; il faudrait l'avoir désinfecté.

Ce mot de désinfection, on en a souvent et beaucoup abusé. Les compagnies nocturnes, à Paris, prétendent employer des agents désinfectants qui se mêlent aux matières des vidanges au moment même où l'on va les emporter; mais nous avons tous eu le malheur de rentrer chez nous quelquefois après minuit, et nous savons combien peu on désinfecte ! C'est longtemps avant la vidange, c'est au moment même où les matières immondes sont produites et alors qu'elles vont s'emmaganiser dans les fosses, qu'on devrait avoir recours à des agents désinfectants convenables. Il faudrait, pour cela, se servir de corps actifs, au lieu de ceux qu'on emploie et qui sont le plus souvent inefficaces ; ces corps, d'ailleurs, devraient être utiles à l'agriculture. Il faudrait les rechercher. La science a déjà indiqué plusieurs agents de ce genre : les sels d'alumine, les sels de fer, certains composés phosphatiques. Nous citons d'abord le sulfate d'alumine qui, à faible dose, a la propriété de clarifier très-rapidement les eaux troubles des égouts. Viennent ensuite les sels de fer et les phosphates qu'on peut extraire en abondance du sein de la terre. Le phosphate de chaux, mélangé d'une plus ou moins grande quan·tité de phosphate de fer, existe en bancs considérables. Il constitue la substance principale des os, non-seulement des os des hommes, mais encore de ceux des animaux. Par une harmonie de la nature, ce même composé se rencontre dans toutes les graines ; là où il y a des semences, il se trouve nécessairement du phosphate de chaux. Quant au fer, lorsqu'il est ramené à l'état soluble, il a pour propriété essentielle d'absorber les principes nauséabonds des vidanges. Il faudrait donc prendre cette matière, la transformer d'une manière facile en phosphate soluble, promptement assimilable pour les végétaux, par exemple en phosphate acide double de magnésie et de fer; on aurait ainsi un liquide dont chacun se servirait chez soi, pour empêcher immédiatement l'infection de se produire et augmenter la fertilité de la matière immonde, en même temps qu'on en ferait usage sur tout le parcours du liquide dans les canaux qui le conduiraient vers les prairies irriguées. Ainsi les déjections ne pourraient jamais nuire, ni répandre au dehors des miasmes pestilentiels. Voilà peut-être la meilleure solution d'un problème qui occupe tous les édiles des grandes villes; et il ne fallait pas, malgré ce qu'il y a de repoussant au premier abord, hésiter à esquisser un tableau dont l'utilité fait pardonner le réalisme. La vie sort de la pourriture.

Augmenter la masse des engrais, diminuer leur prix, c'est un moyen de guérir en partie toute crise agricole. Indiquer ce remède n'est pas, du reste, dire chose bien nouvelle. Je ne vous apporte sur ce point qu'une solution déjà maintes fois indiquée avec plus ou moins de netteté. Qu'on sache bien seulement qu'en fait d'engrais il n'y a pas de spécifique unique; il faut avoir recours, pour rendre à la terre les éléments que les récoltes lui enlèvent, à tout ce que la nature et les circonstances mettent à la disposition de l'homme, aux fumiers, à toutes les déjections des villes, à tous les détritus de l'industrie, à toutes les substances quelconques qui peuvent revêtir la forme organique.

Au lieu de ces principes éternellement vrais, dans une autre enceinte, il n'y a pas longtemps, on a proposé une formule chimique. Un petit nombre de sels, en quantité très-réduite (quelques centaines de kilogrammes seulement par hectare de terre), devraient, a-t-on dit, se substituer à tout fumier, et devenir désormais les agents essentiels de la fertilisation[1]. On a formulé

---

1. Ceci a été dit dans le grand amphithéâtre de l'École de médecine. Voyez plus loin la conférence faite à la Sorbonne sur la *Crise agricole*, par M. George Ville, reproduite et critiquée dans la troisième partie de cette Trilogie.

ce prétendu principe nouveau, que toute la science agricole pouvait se réduire à l'emploi de quatre corps, que l'on introduirait dans le sol tous les quatre ans, pour une somme de 500 à 600 francs par hectare chaque fois. On a ajouté qu'en appliquant cette formule féconde, on porterait immédiatement le produit de la terre, qui est, en France, en moyenne de 15 à 16 hectolitres de blé par hectare, à un taux de 30 à 35 hectolitres, c'est-à-dire qu'on obtiendrait tout à coup le double de ce qu'on récolte aujourd'hui, et même le triple ou le quadruple.

Il est évident que, si cela était vrai, il faudrait y regarder de très-près avant de refuser d'introduire une pareille réforme dans la pratique de la culture. N'y aurait-il pas lieu au contraire de cesser tout de suite de faire du fumier et de se donner tant de peine pour récolter si peu? Ne faudrait-il pas se hâter d'acheter et de répandre dans les champs la poudre merveilleuse qui augmenterait immédiatement le produit de la terre, dans cette proportion magnifique du simple au double ou au triple?... Mais de telles promesses ne sont-elles pas un mirage trompeur?

Pour essayer de démontrer la vérité d'affirmations qui ont séduit beaucoup d'agriculteurs, on a fait remarquer, — et c'était juste, — que, dans un végétal, de même que dans un animal, on ne rencontre guère comme éléments que le quart environ des soixante et quelques corps simples que la chimie a découverts. Quand on a eu établi ce point, on a dit que plusieurs de ces corps simples existaient toujours en quantité suffisante dans la terre ; que quelques-uns seulement manquaient, et que c'étaient ceux-là qu'il fallait ajouter au sol arable. Eh bien, il faut ici se garder de cet abus des moyennes dont une expérience désormais fameuse, je l'espère, a mis en relief la fausseté. Il y a autant de terres variées contenant des éléments différents et différemment répartis entre eux, qu'il y a de vins différents ; et vouloir donner une seule fumure pour toute espèce de terre, c'est commettre la même erreur que de croire qu'en mélangeant toute espèce de vins, on aura un vin excellent, ou seulement suffisamment bon. Il y a des terres où il faut ajouter sept, huit ou dix des éléments constituants des plantes ; il y en a d'autres où il n'en faut ajouter qu'un ou

3.

deux pour obtenir une excellente récolte. En outre, la récolte une fois obtenue, elle enlève dans des proportions diverses tous les éléments qui existaient dans le sol. Si l'on tire du même sol une seconde récolte, celle-ci enlèvera encore des proportions diverses de ces mêmes éléments ; par conséquent il arrivera toujours un moment où quelques-uns d'entre eux manqueront à la terre. En fin de compte, il faudra avoir recours au fumier. On vient aujourd'hui nous dire que, d'une manière générale, on peut se passer de fumier. C'est induire les cultivateurs en erreur, c'est essayer de pousser la France dans la plus détestable des voies.

Approfondissons davantage les conseils qu'on a donnés, que l'on répète chaque jour du haut d'une chaire de l'État, mais sans la sanction des faits et contrairement à une expérience universelle qui vaut mieux que des essais mal combinés et mal exécutés. Avec quatre corps seulement, dit-on, on pourrait obtenir le double de ce qu'on récolte aujourd'hui, et dès lors on aurait la possibilité d'abaisser de moitié le prix de revient des denrées les plus nécessaires à la subsistance

des populations. La France produit aujourd'hui
100 millions d'hectolitres de blé en moyenne; cela
va depuis 60 jusqu'à 120 millions d'hectolitres
à peu près, selon les années. Si nous doublons
la production moyenne, nous aurons 200 millions d'hectolitres; or, l'homme a beau manger
du pain, il ne peut manger plus de 2 hectolitres
et demi de blé en moyenne par tête et par année
(tous les âges compensés). On nous dit : Vous en
vendrez au dehors; l'Angleterre a besoin chaque
année de 30 à 35 millions d'hectolitres; vous en
auriez 100 millions de trop, vous auriez donc de
quoi alimenter abondamment tous les marchés de
la Grande-Bretagne. Cela serait vrai, si l'Angleterre était assez folle, dans l'hypothèse où la formule chimique préconisée comme panacée agricole
serait vraie, pour déclarer qu'elle ne l'emploierait
pas, et pour n'avoir pas recours, elle aussi, à ce
moyen si simple d'augmenter sa production.
L'Angleterre produit en moyenne 16 à 20 hectolitres par hectare; elle en produirait 35, grâce à
l'emploi de cette formule magique, et elle n'aurait
plus besoin de nous rien acheter. Bien loin de là : si
elle augmentait sa production dans une telle pro-

portion, elle récolterait un fort excédant. Alors les Anglais auraient à revendre du blé, au lieu d'avoir besoin de venir en prendre chez nous.

On ne saurait donc admettre comme sérieuse cette solution des crises agricoles qui, a-t-on dit, abaisserait le prix de revient de l'hectolitre de blé à 10 francs. L'abaissement du prix de revient, si cela était vrai, se ferait pour tout le monde, et il aurait pour conséquence une diminution générale du prix de vente. Il faut donc rejeter un pareil système, quand d'ailleurs il aboutit à ceci, à venir dire à l'État : Maintenant qu'il est démontré que le fumier n'est pas nécessaire, et que quatre agents chimiques convenablement mélangés suffisent à fertiliser toutes les terres, prêtez à l'agriculture, qui n'a pas assez d'argent; prêtez-lui 100 millions, qu'elle vous rendra au bout d'une année, quand elle aura fait sa récolte, mais prêtez-les à la condition formelle qu'elle vienne acheter notre engrais. — Si vous proposez une pareille solution, c'est que vous avez intérêt à vendre cet engrais, non pas parce qu'il guérirait les souffrances de l'agriculture, mais parce que vous voulez réaliser des bénéfices qui ne seraient légitimes que si votre doctrine était vraie. Oh ! comme j'aime bien mieux continuer à répéter aux cultivateurs les antiques conseils des anciens agronomes, nos maîtres : Faites des fumiers partout, faites-les bien, mais en même temps ne négligez l'emploi d'aucun des éléments de fertilisation que la nature a mis à côté de vous. Soyez attentifs à ne rien laisser perdre autour de vous, et vous aurez pour l'agriculture des engrais à bon marché, et en abondance.

C'est ainsi seulement, en vérité, que le problème de rendre le prix de revient du blé moins élevé sera résolu d'une façon générale.

D'ailleurs, cet engrais industriel que l'on propose pour remplacer le fumier se maintiendrait-il longtemps à un prix tel que l'agriculteur pourrait l'employer sans être en perte ? Il est évident que non ; car si un corps déterminé, un agent industriel, un composé commercial, vient à être acheté par tout le monde, son cours est bien vite en hausse, surtout lorsque ce composé n'existe qu'en quantité restreinte ; c'est là une vérité qui tombe sous le sens. Quand une chose est beaucoup demandée, le prix en augmente immédiatement. Tous les calculs qui sont faits sur le prix actuel d'un engrais chimique seraient immédiatement détruits, dès que cette substance aurait acquis une plus grande valeur. Au contraire, quand vous avez recours à la masse générale de toutes les matières en décomposition, masse très-abondante, indéfinie, si vous me permettez cette expression, et qui d'ailleurs est toujours en rapport avec la vie végétale et la vie animale, comme cela a été démontré il y a un instant, vous arrivez à cette conséquence que le problème de maintenir les habitants de ce globe avec des aliments toujours suffisants et en rapport avec leur nombre, se trouve complétement résolu. Notez bien, du reste, que nous sommes loin de repousser l'emploi en agriculture des engrais industriels, même celui des engrais de M. Ville; mais nous disons que toutes ces matières ne sont que des *adjuvants*, des compléments. D'ailleurs, ce n'est pas à accroître la production du blé qu'il faut les appliquer, mais bien à augmenter la production des fourrages, et par suite celle de la viande. La consommation de la viande peut être avantageusement accrue dans une forte proportion, car c'est un aliment essentiel trop rare pour la plupart des familles rurales. Les engrais industriels doivent surtout servir à résoudre cette question de fournir aux populations une plus abondante nourriture animale. Il faut, du reste, des engrais, non pas seulement pour les céréales et pour les racines ou les autres cultures de ce genre, mais encore pour les prairies, pour les vignes, pour les arbres fruitiers. La meilleure manière, la plus économique, d'obtenir ces engrais, consiste à faire du fumier, sauf à lui adjoindre, suivant les cas, des composés minéraux, tels que des phosphates ou des sels de potasse, ou bien encore diverses substances azotées. C'est encore un des côtés faibles de l'agriculture française de ne pas entretenir assez de bétail, de ne pas faire assez de viande et de produits animaux variés. On peut juger quelle puissance elle aurait si elle changeait hardiment de voie, en remarquant seulement combien sont devenues riches les contrées qui se sont adonnées au commerce du beurre, des œufs, des volailles. L'exportation de ces denrées est pour quelques-uns de nos départements une source de fortune; mais cela ne durera qu'à la condition de réimporter des engrais.

L'agriculture doit donc énormément transporter pour être puissante, car importer et exporter, c'est la loi de sa prospérité. De là une autre vérité à mettre en évidence, mais que tout le monde reconnaît aujourd'hui.

Un élément important des prix de revient des denrées agricoles est le prix des transports. Il est admis communément qu'il faut rendre ce prix le plus faible possible; mais le fait n'est pas réalisé. Les chemins vicinaux surtout sont insuf- sants; ils manquent dans le tiers de nos communes rurales.

Établissez des voies de communication, et alors il est incontestable que les prix se nivelleront entre tous les pays, et aussi que les inconvénients des famines et des disettes disparaîtront.

Le prix de toute denrée sera désormais donné par cette simple formule mathématique : $x = a + t$, a étant le prix dans la contrée où il sera le plus faible, et t le prix de transport pour aller de ce lieu à celui où l'on veut trouver le prix x.

Le prix le plus faible dépend des circonstances

les plus variées, mais avant tout de l'abondance de la denrée. Ici se pose en conséquence la question des causes des bonnes et des mauvaises récoltes.

On avait cherché autrefois à attribuer la faiblesse ou l'abondance des moissons à des actions diverses toutes placées au-dessus et en dehors du pouvoir de l'homme. Nous ne parlons pas de la puissance providentielle, de la volonté de Dieu déversant ses faveurs ou ses malédictions sur le laboureur. Nous ne nous occupons que des phénomènes physiques, que des causes tangibles.

On a dit que c'était le soleil qui, rayonnant, d'une année à l'autre, plus ou moins de chaleur vers la terre, — car sans chaleur il n'y a pas de végétation à la surface de notre globe, — fait que les récoltes sont plus ou moins bonnes.

L'observation a montré que l'astre radieux n'a pas toujours une surface brillante et unie, qu'il y a des taches au soleil. Ces taches entrent sur le bord oriental de l'astre, mais elles le quittent, traversent le centre, et disparaissent sur le bord opposé, pour revenir ensuite au même point à peu près au bout de quatorze jours, et suivre en-

core la même marche ; elles démontrent ainsi que
le soleil tourne sur lui-même dans l'espace de 28
à 29 jours. Mais, dans l'intervalle, ces taches
changent graduellement de forme, diminuent,
ou même disparaissent tout à fait. Le disque so-
laire n'est donc pas toujours également lumineux,
également calorifique.

Les astronomes ont mesuré les taches existant
sur le soleil; ils les ont comptées jour par jour,
saison par saison, et ils ont trouvé des périodes
de taches considérables et nombreuses, succédant
à des périodes où les taches sont rares et occupent
peu d'étendue sur le disque de l'astre radieux.
Naturellement on a été conduit à rapprocher les
résultats de l'étude de ces taches de celle des
différents phénomènes météorologiques qui se
passent sur notre globe. Herschel fut le premier
astronome qui s'occupa de ce sujet. Il voulut savoir si la température des saisons était en rapport
avec le nombre et l'étendue des taches solaires.
Mais, autrefois, les observations météorologiques
précises étaient rares. Les mesures thermo-
métriques manquant, Herschel prit le parti de
comparer la multiplicité des taches avec les prix

moyens connus du blé en Angleterre, et il crut avoir constaté un rapport certain qui était celui-ci : quand il se trouvait plus de taches au soleil, la récolte était plus abondante. François Arago voulut refaire le même calcul pour la France; il l'avait commencé; mais, vers la fin de ses jours, étant devenu presque aveugle, il me demanda de le continuer. Eh bien, pour la France, je suis arrivé à un résultat tout à fait différent. Plus y a de taches, pour la France, dis-je, et pour la période de temps que j'ai examinée, moins la récolte est bonne.

Des résultats si divers ne doivent pas étonner; la récolte est abondante en un pays, et souvent, au contraire, mauvaise dans un autre, qui n'est pas bien éloigné du premier. En 1865, nous avons eu une abondante récolte, et, en 1864, une récolte tellement belle qu'on n'en avait pas vu de semblable depuis le commencement du siècle. Eh bien, en Hongrie, il y avait une famine : on n'avait pas de blé. On constate ainsi qu'un astronome comparant avec les taches solaires les prix du blé dans un pays qui n'est pas bien loin de nous, et les prix existants en France, arriverait à des résul-

tats complétement différents. Il n'y a pas de relation, suivant moi, entre les taches du soleil et
la production du blé, ou en général celle des divers produits de la terre.

J'ai étudié la question autrement; j'ai pris la
production dans des localités déterminées; j'ai
trouvé un certain nombre de fermes où, depuis
trente ans, depuis quarante ans, on a chaque
année inscrit avec une grande exactitude le rendement moyen des champs. J'ai obtenu ainsi des
séries de bonnes et de mauvaises récoltes que j'ai
pu rapprocher des observations météorologiques
faites mois par mois dans des villes voisines. Eh
bien, j'ai toujours reconnu que la production du
blé dépend surtout d'une principale phase de la
végétation, c'est-à-dire, ce que tout le monde
soupçonnait du reste déjà, de la phase de la floraison, et qu'il y a une relation décidée entre le
temps qui règne pendant la floraison et le résultat
définitif de la récolte. Or, dans un grand pays
comme la France, la floraison ne se fait pas partout à la même époque; elle retarde au nord, elle
avance dans le midi; ici elle a lieu en mai, là au
contraire elle se fait ordinairement en juin. Voilà

pourquoi les cultivateurs du nord qui, comme ceux de tous les pays, consultent souvent leur almanach, attachent tant d'importance au temps qu'il fait à la Saint-Médard, c'est-à-dire au 8 juin, et pendant les jours qui suivent cette date; c'est ainsi qu'ils ont constaté la relation qui existe entre le temps qu'il fait pendant les premiers jours dé juin et l'état de leurs récoltes. Mais, dans le midi de la France, la floraison a lieu dans la seconde quinzaine de mai; et, si nous descendons plus bas encore, vers le commencement de mai; alors saint Médard n'a plus de pouvoir. Voilà donc des régions dont les récoltes dépendront du temps qu'il fera à des moments fort divers. C'est pourquoi les récoltes sont, dans une même année, très-différentes suivant les latitudes. Comme il n'arrive presque jamais que le mauvais temps règne pendant six ou sept semaines, il ne se présente non plus presque jamais, sur une grande étendue de continent, un ensemble universel de mauvaises récoltes. Au contraire, toujours dans certains pays il y a de bonnes récoltes, et ailleurs de mauvaises; c'est la moyenne que nous devons prendre, la moyenne avec précaution, c'est bien entendu. L'ensemble pourra être plus ou moins bon, plus ou moins mauvais; mais, quand des voies de communication seront réparties sur toute la surface des continents; quand nulle part une localité ne sera réellement séparée des localités voisines et ne pourra être livrée à la famine tandis qu'une autre regorgera de denrées; quand partout d'ailleurs, comme cela arrivera un jour, il règnera une paix constante; quand une solidarité véritable existera entre les différents États; alors le prix du blé prendra un niveau moyen qu'on peut exprimer mathématiquement, nous le répétons, en disant que les denrées auront partout le prix du pays où il sera le plus bas, augmenté seulement du prix de transport vers l'endroit où la production aura été insuffisante. Ainsi, assurer un prix de transport le plus faible possible, ce sera évidemment un moyen de faire que partout on jouisse à peu près éternellement d'une abondance relative; les denrées se répartiront d'une manière toujours proportionnelle aux accidents des régions où l'année aura été fatale et aux besoins des contrées frappées par les météores. Il se fera peu à peu une compensation, qui nivellera les prix ou du moins empêchera de très-grandes oscillations dans les cours des denrées de première nécessité.

L'époque où le libre échange deviendra ainsi véritablement un bienfait est peut-être éloignée; la rapprocher est l'œuvre ou plutôt le devoir des gouvernements; il faut qu'ils perfectionnent la petite et la grande vicinalité, qu'ils achèvent les canaux et les chemins de fer, qu'ils encouragent les essais de navigation aérienne, les percements d'isthmes, les tunnels sous-marins et sous-alpestres, que surtout ils amènent l'ère de la paix universelle et des petits budgets.

Si chacun de nous, par son travail, peut apporter sa pierre à l'édifice du progrès agricole, c'est aux gouvernements surtout, on le voit, qu'il appartient d'adopter des mesures susceptibles de rendre le prix des denrées agricoles le plus bas possible. Mais à cet abaissement du prix du blé, du prix du pain, de celui de la viande, il y a une limite. On a en vain imaginé de faire taxer le pain et la viande par les autorités municipales. De tels règlements n'ont rien pu contre l'état gé-

néral de la production. Le prix d'un produit
agricole, comme celui d'un produit industriel, est
nécessairement dépendant des dépenses faites
pour l'obtenir. Il y a un rapport obligé entre les
dépenses et les recettes. Si l'on rompt cet équilibre, la souffrance naît dans la ferme comme dans
l'usine. C'est parce qu'on ne modère pas les dépenses, pour les tenir toujours au-dessous des
recettes, qu'on passe par des crises intermit-
tentes. De là cet état de malaise que nous ren-
controns de temps en temps en France, que l'on
a subi en 1865 et 1866, qu'on a encore subi il y
a vingt-cinq ans. On passe alternativement par
des périodes de succès et de ruine. Ces périodes
semblent se succéder suivant l'antique histoire
des sept vaches grasses et des sept vaches maigres. Le progrès véritable sera de faire qu'il y
ait toujours des vaches grasses, et c'est vers ce
temps où il y aura toujours des vaches grasses
qu'une société qui suit les indications de la
science marche nécessairement; elle peut hâter
la venue de l'époque heureuse par une bonne
administration assurée par le concours de tous.

Telle est la seule solution possible du problème des souffrances de l'agriculture; elle dépend d'une liberté complète dans l'action de chacun, et dans la répartition aussi générale que possible d'une instruction suffisante. Comment, avec l'ignorance dans laquelle sont encore plongées les populations rurales, serait-il possible d'arriver à ce qu'il n'y eût aucune perte de force productive, à ce qu'on employât partout les meilleurs procédés de culture, à ce qu'on répandît dans la terre des engrais convenables et suffisants, à ce qu'on eût recours dans une juste mesure aux institutions de crédit qu'on aurait fondées? Pour assurer la prospérité d'un peuple, on doit avant tout l'instruire. Il faut que chacun comprenne son intérêt, et qu'il sache que cet intérêt particulier doit nécessairement être d'accord avec le bien général; il faut que chacun comprenne que s'il fait prédominer celui-ci, il verra aussi augmenter sa propre fortune.

Mais au lieu de cette sorte de conjuration pour le bien public, qui ne serait pas autre chose que l'intégrale de la plus complète satisfaction des intérêts légitimes particuliers, on voit presque partout dominer l'esprit de l'égoïsme le plus étroit appuyé sur la routine la plus ignorante. C'est là qu'est vraiment la faiblesse de l'agriculture française; mais cette faiblesse peut facilement se changer en force. La force se manifestera dès le jour où dans toute chaumière il y aura une intelligence cultivée, connaissant ses devoirs, ses droits, inspirée par le vrai souffle de la charité, c'est-à-dire de l'amour du bien.

Chacun de nous, dans l'année, peut rendre à l'agriculture en engrais à peu près le cinquième de sa consommation; c'est ce qu'un homme produit par lui-même de principes fertilisants. Ces matières, qu'on rendrait, si l'on voulait, en une année à l'agriculture, pourraient fournir un accroissement d'un cinquième environ dans la production; les autres détritus tripleraient au moins cet excédant. D'illustres savants, M. Dumas, notamment, estiment qu'une population agglomérée telle que celle de Paris produit en engrais exactement l'équivalent de tout ce qu'elle a consommé. En restant dans les évaluations les plus modérées, on peut dire que l'agriculture aujourd'hui, dans l'état où elle est, perd, en France seulement, 60 millions d'hectolitres de blé en ne comptant que cette denrée; toutes les autres récoltes pourraient être augmentées dans la même proportion par la seule économie des engrais aujourd'hui perdus. En faisant le calcul complet, un agriculteur a pu démontrer qu'il y avait deux milliards perdus annuellement dans les campagnes. Les autres nations européennes, sans en excepter les plus avancées en agriculture, perdent au moins autant. A quel haut degré de production notre vieille Europe ne pourrait-elle pas être portée, si toutes les matières étaient rendues à la terre au lieu d'être emportées par les fleuves dans l'immensité des mers, où la population océanique et la végétation marine peuvent seules en profiter!

Mais tous ces conseils ne peuvent être appliqués immédiatement sur une grande échelle. Et l'on crie de toutes parts qu'il y a des souffrances actuelles, vives, douloureuses pour lesquelles il faudrait trouver un remède immédiat en attendant l'époque heureuse où elles cesseront de pouvoir se produire. C'est vrai, il faut songer à deux choses : c'est d'abord à empêcher le mal de revenir quand on l'a constaté, et l'on vient de voir comment il faut s'y prendre pour que ce mal

ne revienne jamais; et, de plus, il faut essayer
de calmer tout de suite les souffrances qui se
présentent avec les caractères les plus doulou-
reux. L'enquête agricole accordée en 1866, peut-
être un peu tardivement, a été un de ces bienfai-
sants calmants qu'on peut toujours trouver et
employer. Lorsque le médecin interroge un malade avec sollicitude, déjà du mieux se fait sentir
dans l'état du patient.

Si l'agriculture souffre aujourd'hui dans quelques parties de la France, c'est surtout parce que,
après l'instruction, ce qui lui manque le plus
c'est l'argent, parce qu'il y a un défaut d'équilibre
entre les recettes et les dépenses. Il faut tâcher de
lui donner de l'argent, c'est-à-dire de lui en prêter. Ce n'est pas toujours rendre un bon service
que de prêter aux gens; mais enfin il le faut bien,
quand il n'y a pas d'autre moyen de les tirer d'affaire. Il faut fonder le crédit agricole. Vous savez
qu'il y a eu des institutions de crédit formées
dans ce but. Seulement, on avait beaucoup attendu de ces institutions; elles ont donné relativement peu; par réaction, on a dit qu'elles
n'avaient rien donné du tout. C'est injuste : elles

ont fait du bien, mais pas encore assez. La Société du crédit foncier, par exemple, trouve plus à prêter aux propriétés urbaines qu'aux propriétés rurales, parce que dans les villes, d'une part, il y a plus d'esprit d'entreprise, et parce que, d'autre part, les titres de propriété y sont plus régulièrement établis. Pour des raisons analogues, tirées surtout des habitudes d'exactitude du commerce, opposées aux usages des campagnes d'ajourner les payements et d'être soustraites aux strictes obligations des négociants, une fille de la Société du crédit foncier, la Société du crédit agricole, a beaucoup prêté aux villes, un peu à l'agriculture; ainsi, elle a fourni 300 ou 400 millions aux villes, et elle a seulement avancé 26 millions, ou à peu près, à l'agriculture.

On reproche à l'agriculture de ne pas offrir, pour employer le terme technique, une surface commerciale suffisante, de ne pas faire honneur à jour fixe à ses promesses, et enfin de ne pouvoir payer un intérêt rémunérateur pour les capitaux. Tout cela est sujet à la controverse, car le comptoir agricole fondé dans le département de Seine-et-Marne depuis 1864, fait aux fermiers de nombreux prêts par billets très-exactement payés, quoique l'escompte soit de 2 ou 3 pour 100 plus élevé que le taux de la Banque de France. Mais on ajoute encore que les agriculteurs, en raison des dispositions prétendues protectrices du Code Napoléon , n'ont rien chez eux qui puisse servir de gage répondant de la valeur des sommes qu'on leur prêterait. Tout en convenant de la nécessité de réformer plusieurs articles du Code, il est facile de répondre que, même en laissant bien assez aux propriétaires pour la garantie du payement des fermages, les cultivateurs possèdent en outre chez eux des marchandises d'une valeur plus que suffisante pour assurer la rentrée des sommes qu'on leur prêterait. N'avons-nous pas lu un jour dans le *Moniteur* l'estimation des récoltes de blé faites de 1861 à 1865, suivie de la comparaison avec les quantités livrées à la consommation dans le même intervalle. En tenant compte des importations de céréales qui ont été faites, et des exportations qui, contrairement à ce qui se passe pour une période un peu longue, ont été pendant quelque temps plus considérables que les importations, on est arrivé à calculer approximativement un reliquat disponible qui n'était pas inférieur, selon les évaluations les plus modérées, à 50 millions d'hectolitres.

Or 50 millions d'hectolitres à peu près, à 15 francs l'hectolitre, minimum des cours, cela fait 750 millions de francs. L'agriculture, à laquelle on voulait à peine prêter 26 millions, aurait donc eu de disponible à ce même moment, sur un seul article, un excédant de 750 millions à offrir comme gage. Par conséquent on pouvait bien encore lui prêter, puisqu'on n'était pas encore au trentième de la valeur du gage, tandis que les plus mauvais Monts-de-Piété prêtent la moitié et le quart. Concluons donc de cet exemple que, dans les opérations agricoles, il y a des garanties bien suffisantes pour les prêteurs les plus prudents, les plus timides.

Mais voici l'objection. Le blé est une matière lourde, encombrante, telle que si on la transporte dans des silos du genre de ceux inventés par feu M. Doyère ou dans des greniers aérateurs semblables à ceux établis à Trieste, à Liverpool, et dans les docks de Londres par M. Devaux, les frais deviennent trop considérables. Il n'y aurait d'économique, pour une conservation de quelques années, que celle qui se ferait chez le producteur lui-même. Or, suivant la législation, il faut que celui qui prête puisse prendre possession du gage, pour se mettre à l'abri de toute éventualité. Pour prêter sur le blé, on devrait pratiquer le prêt sur gage à domicile. Les jurisconsultes disent qu'une telle manière de procéder n'est pas possible, à moins de simuler tout au moins la transmission. C'est une difficulté légale à côté de la difficulté technique du mode de conservation. Mais si vraiment il faut imaginer un grenier susceptible de rester chez le cultivateur tout en cessant d'être accessible à son action, l'invention n'est pas au-dessus de la science. N'a-t-on pas le grenier de M. Émile Pavy? N'a-t-on pas aussi les greniers dans le vide du docteur Louvel? Celui-ci a imaginé, ce qu'on avait nié d'abord être possible, — mais il a employé le concours de quelques hommes de science et de pratique qui ont travaillé avec lui, et il a réussi, — il a imaginé, dis-je, de placer le blé dans une sorte de baril de tôle, et d'y faire le vide par une pompe; de mettre sur l'appareil un indicateur qui montrerait que le vide existe, et de le munir d'un robinet fermé à clef; cette clef pourrait être donnée à la personne qui prêterait sur le grain. Le blé serait désormais à l'abri de toute atteinte possible; on n'y pourrait pas venir toucher, car alors le vide disparaîtrait, l'air rentrerait aussitôt qu'on voudrait prendre du grain. D'un autre côté, plus de détérioration intérieure dans ces sortes de *silos*; car les insectes qui attaquent le blé périssent dans le vide, de sorte qu'ils ne peuvent plus détruire le grain. Les greniers du docteur Louvel offriraient même une garantie contre la fermentation, qui ne peut pas se produire dans le vide. Cette invention réunit donc tous les principes d'une bonne conservation. On a, en outre, un vase qui ne coûte pas trop cher, qui peut rester dans la ferme, contenir le blé en tout temps, et par conséquent constituer un véritable gage pour celui qui prêtera à l'agriculture.

Par cette discussion on voit bien que le crédit agricole est vraiment possible, car si l'on est arrivé à une solution pour le blé, on peut évidemment y arriver pour beaucoup d'autres substances; il suffirait de poser le problème aux inventeurs pour qu'il fût immédiatement résolu.

Quand j'ai dit plus haut qu'on avait calculé qu'il y avait en France, au commencement de 1866, un reliquat de 50 millions d'hectolitres de blé, il est évident que je n'ai pu répondre de 5, de 10, de 15 millions d'hectolitres d'écart. En effet, il faut beaucoup se méfier des statistiques. Les statistiques du gouvernement, — et nous n'avons que celles-là, — laissent énormément à désirer. Ce n'est pas une critique que je veux faire uniquement pour avoir le plaisir de critiquer, mais il est facile de donner une preuve flagrante de la justesse de ma remarque. Il y a eu pour les céréales deux statistiques en France, faites par deux bureaux différents du même ministère; elles concernent toutes deux l'année 1852. Les deux bureaux ont, il est vrai, publié ces statistiques, à des époques assez éloignées l'une de l'autre. Ils eussent pu néanmoins comparer les résultats de leurs calculs; mais ils n'en ont rien fait. Or, voici les chiffres. Pour le blé seulement, l'une des statistiques dit qu'il y a 6,090,000 hectares ensemencés en blé; l'autre dit qu'il y en a 6,980,000;

c'est une différence de plus du dixième. L'une affirme que, dans cette année 1852, il a été produit en France 86 millions d'hectolitres; l'autre met 95 millions. Notez que, en présence de telles différences, les deux statistiques donnent les unités avec beaucoup de soin. Je me suis contenté de vous citer les millions. Le chiffre des millions étant faux, on a quelque droit de reprocher aux statisticiens de s'appesantir à la recherche de l'exactitude des chiffres des dizaines et des unités.

Voilà comment sont faites les statistiques. Il est évident qu'il faudrait que des agents responsables pussent surveiller leur confection, déterminer le degré d'approximation des résultats obtenus; on devrait tout au moins, par exemple, faire exécuter deux recensements à deux ou trois mois d'intervalle par des agents différents, afin de voir le degré de l'accord. Il est incontestable qu'on a le plus grand intérêt à obtenir la vérité sur l'état du pays; ce n'est que d'après cet état qu'on peut juger si les mesures gouvernementales qu'on applique chaque jour sont bonnes ou mauvaises; il faut donc faire en sorte que les statistiques soient bien faites; ne pas y mettre plus de soin, c'est en quelque sorte admettre que chez un commerçant la comptabilité peut être fausse impunément. Une commission supérieure de statistique devrait être chargée de faire en sorte qu'on ait la vérité, là où aujourd'hui on ne sait pas s'il y a erreur, et si l'on peut tirer, des chiffres accumulés dans les publications officielles, la moindre conséquence exacte. En ce qui concerne l'excédant des céréales qu'on pensait exister dans les greniers des cultivateurs, quelle n'a pas été notamment la surprise générale de le voir tout à coup disparu à la fin de 1866, lorsqu'il a été reconnu que la récolte était au-dessous de celle d'une année moyenne. Les réserves de 50 et tant de millions d'hectolitres calculées d'après les statistiques s'étaient évanouies, et il a fallu recourir immédiatement à des importations considérables. Comment un tel phénomène économique a-t-il pu se produire? Sans en attribuer entièrement la cause aux erreurs des publications officielles, il faut convenir que rien n'engageait les cultivateurs à garder les blés, alors qu'on prédisait la continuation de l'abaissement des prix. Il y a donc eu des gaspillages. On a employé du grain à mille usages qu'on pourrait appeler subalternes. C'est ainsi toujours qu'il arrive que la France, passant alternativement de l'abondance à la pénurie, est obligée de dépenser plus qu'elle ne reçoit; elle vend à bon marché et elle achète cher, contrairement à la règle que doivent s'imposer toute société, toute usine, toute maison de commerce. Il en résulte à son désavantage tous les dix ans plusieurs centaines de millions de francs exportés pour acheter des grains à des cours très-élevés. Cet argent est à jamais perdu. C'est là une cause de faiblesse à laquelle on refuse de donner aucune attention. On prétend qu'il y aurait une dépréciation plus grande dans les années d'abondance si l'on n'importait pas. Loin de nous de prétendre le contraire; mais combien nous aimerions mieux qu'on exportât lorsque les cours sont à la hausse. Cherchons donc, sans toucher en rien à la liberté commerciale, les combinaisons de crédit propres à faire que la France ait toujours plus qu'elle ne consomme, qu'elle puisse conserver les excédants de sa production pour alimenter dans les mauvaises années les nations nécessiteuses, particulièrement sa voisine, l'Angleterre, qui ne pourra jamais se suffire à elle-même. Cela doit être un jour la force de l'agriculture nationale.

Il est évident que ce n'est que par le concours de tous les efforts qu'on peut arriver à guérir les souffrances dont se plaint l'agriculture et à en empêcher le retour périodique. Il faut tout d'abord que le propriétaire s'intéresse à la culture de son champ, qu'il n'aille pas toujours dans les villes manger les rentes de ses terres; il doit cesser de dépenser follement en luxe inutile des capitaux qui feraient le bonheur des gens qui travaillent pour lui. Il faut qu'il y ait partout association entre le propriétaire et l'exploitant de la terre, c'est-à-dire entre le capital et le travail. Que tous deux coopèrent à l'œuvre rurale. Supplions aussi celui qui sait d'apporter ses conseils à celui qui ignore; c'est à l'homme instruit qu'il appartient de se mettre au courant des faits de la pratique et de constituer ainsi pour chaque région la vé-ritable science agricole.

La force de l'agriculture française est sa démocratie. Sa faiblesse est l'absentéisme de ceux qui devraient être les chefs.

La solution réelle et définitive de tous les grands problèmes qui viennent de s'imposer à notre attention, dépend du concours et de l'association de toutes les forces productrices. C'est ce concours que l'on doit appeler de tous ses vœux. Puisse un jour la nation entière se laisser emporter par cette conviction et comprendre la fécondité de l'association de tous les dévouements en vue de garantir les intérêts des habitants des campagnes aussi bien que ceux des villes, et d'assurer la satisfaction de tous les besoins matériels et moraux de toutes les classes de la population.

En terminant, laissez-nous, ouvriers de Paris, qui venez de nous écouter avec tant d'attention, vous remercier des applaudissements que vous avez donnés, non pas à notre parole, mais aux sentiments que nous cherchions à exprimer sur la situation des ouvriers des campagnes. Vous n'avez pas cessé un instant de nous suivre dans les longs développements du vaste sujet que nous avons parcouru. C'est que votre satisfaction égale la nôtre, en présence de la constatation certaine de l'élévation générale du niveau moral des cultivateurs. L'amélioration du sort des populations est manifeste. Partout on est mieux logé, mieux vêtu, mieux nourri, et, résultat d'un ordre bien supérieur encore, plus instruit. La dignité du caractère s'élève lorsque l'ignorance disparaît.

II

SERVICES RENDUS
A L'AGRICULTURE
PAR LA CHIMIE.

I

La Société impériale et centrale d'agriculture de France a compté dans son sein, depuis sa fondation, d'illustres chimistes. Lavoisier, Vauquelin, Fourcroy, Chaptal, Cadet de Vaux, les deux Darcet, Van Mons, Mitscherlich, en ont été membres titulaires ou associés étrangers. Aujourd'hui en font partie comme membres titulaires : MM. Chevreul qui l'a présidée neuf fois, Boussingault, Dumas, Payen. Comme associés ou correspondants, on y trouve : MM. Liebig, Lawes, Malaguti, Isidore Pierre, Kuhlmann, Pouriau, Stœckhardt. Voilà donc dans la première association agricole du monde un très-grand nombre de chimistes et quelques-uns des plus illustres. C'est que l'agriculture, ayant pour but, direct ou indirect, la production de tous les végétaux et de tous les animaux utiles, ayant besoin de connaître les lois qui président à la multiplication et à l'accroissement des êtres, s'occupe nécessairement du groupement des molécules matérielles, de leur association et de leur séparation. Or les molécules n'entrent dans les combinaisons si variées que présentent les organes de toutes les créatures qu'en obéissant à des attractions, à des affinités chimiques.

Labourer la terre, y enfouir du fumier et y semer des graines, puis attendre patiemment que la nature accomplisse l'œuvre mystérieuse de la germination, du développement, de la floraison et de la fructification des plantes, c'est à cela que se bornerait encore le rôle du cultivateur, s'il ne lui était pas possible de discerner au moyen de l'analyse chimique, quels sont les principes constituants des terres les plus propres aux récoltes qu'il veut obtenir; comment il est possible de compléter ces principes par des engrais d'une composition intime bien connue; quels agents peuvent favoriser ou entraver la formation et l'accumulation dans les végétaux de corps particulièrement recherchés à cause de leur utilité, soit pour la nourriture des hommes, soit pour la satisfaction de leurs nombreux et insatiables désirs.

Dès que la chimie fut en possession de moyens même imparfaits de décomposer les corps, les agriculteurs lui demandèrent le secret de la fertilité ou de la stérilité de leurs sols, c'est-à-dire très-souvent plus qu'elle ne pouvait donner. Les réponses ne purent être tout de suite satisfaisantes. Mais peu à peu la lumière s'est faite sur la plupart des problèmes les plus importants de la transformation de la matière prenant la forme organique. Tous les perfectionnements introduits dans les procédés analytiques du laboratoire ont eu la plus heureuse, la plus féconde influence sur l'agriculture pratique. A des notions vagues reposant uniquement sur des connaissances incertaines, relatives aux propriétés physiques seules des terres, à leur état de division, à leur hygroscopicité, à la cohésion réunissant leurs particules, à leur faculté d'échauffement plus ou moins facile, succédèrent bientôt des renseignements positifs sur les proportions de potasse, de phosphates, de chaux, d'oxyde de fer, d'alumine, de silice libre ou combinée, et de plusieurs autres composés, dont des expériences convenablement dirigées enseignèrent l'absolue nécessité, pour que tous les phénomènes de la végétation puissent accomplir leur cercle admirable, depuis le développement de la graine jusqu'à la reproduction des germes.

D'abord les choses parurent extrêmement simples et on crut pouvoir réduire à un bien petit nombre les corps utiles à la végétation; mais on ne tarda pas à découvrir que la simplicité des lois que l'on croyait avoir établies ne permettait d'expliquer qu'une faible partie des phénomènes agricoles entre tous ceux qui, parfaitement pertinents cependant, restaient environnés de la plus complète obscurité. Deux sols de fécondité bien différente paraissaient, par exemple, avoir exactement la même composition en argile, en sable, en calcaire, lorsqu'on ne cherchait que ces princ i pes dans une terre fertile. Il fallait donc se livrer à de nouvelles investigations, et c'est ainsi que depuis le commencement de ce siècle, l'histoire des progrès de la chimie analytique se lie étroitement à celle des progrès de l'agriculture. Le nombre des principes fixes qu'on a appelés minéraux, reconnus utiles ou nécessaires dans toute terre arable bien fertile, est devenu plus considérable, en même temps qu'on a découvert l'importance de la présence des principes combustibles ou **volatils** attribués à une origine organique.

Toutefois, si l'on ne considère dans une terre cultivée que les éléments simples dont elle est composée, on en trouve seize ou dix-sept tout au plus[1] qui paraissent indispensables à l'accomplissement de tous les phénomènes d'une végétation complète, assurant la perpétuité de la reproduction de toutes les espèces. Mais chose remarquable, les corps simples, dans leur état d'isolement, à l'exception de l'un d'entre eux, l'oxygène, ne paraissent pas agir sur la végétation. C'est

1. Carbone, oxygène, hydrogène, azote, phosphore, soufre, silicium, chlore, iode, potassium, sodium, calcium, magnésium, aluminium, fer, manganèse, et probablement le fluor.

à l'état de combinaisons binaires, ternaires ou quaternaires qu'ils deviennent des principes utiles, qu'ils fournissent des aliments aux plantes, qu'ils sont assimilables pour les végétaux. Lorsque Lavoisier a mis à l'abri de toute objection la composition de l'air atmosphérique en oxygène et en azote, il a commencé une grande et salutaire révolution dans les principes auxquels on pouvait rattacher les progrès de l'agriculture. Le rôle de l'air atmosphérique dans les phénomènes de la vie des plantes et des animaux a commencé à être aperçu.

Des deux éléments de l'air, un seul est indispensable, actif, sous sa forme gazeuse et isolée. Les plantes meurent si le sol où plongent leurs racines est privé d'oxygène; les animaux succombent dès que l'air qu'ils respirent cesse d'être suffisamment oxygéné. Ainsi l'oxygène est le seul corps simple qui agisse directement et par lui-même sur la vie végétale. C'est aussi le seul corps simple que les plantes sécrètent.

En suivant les pérégrinations, les métamorphoses de l'oxygène atmosphérique se fixant tantôt sur le carbone, tantôt sur l'azote, tantôt sur les composés ferrugineux ou sulfurés du sol, Bonnet, Scheele, Priestley, Ingenhousz, Senebier, Théodore de Saussure surtout, sont parvenus à expliquer l'accroissement des plantes en matières carbonées, à reconnaître le rôle admirable réservé à la lumière dans la décomposition de l'acide carbonique et l'exhalaison de l'oxygène par les organes foliacés des végétaux. En même temps qu'une des plus grandioses harmonies de la nature apparaissait à l'homme étonné de voir les plantes restituer à l'océan aérien l'élément indispensable à la respiration des animaux, une base certaine était donnée à la théorie des labours, dont l'efficacité n'était plus restreinte à une sorte d'action purement mécanique ; de plus, l'esprit humain était mis sur la voie de l'explication du procédé dont la découverte a peut-être le plus contribué à faire prendre à la science toute son autorité parmi les populations rurales. Je veux parler du drainage à l'aide de tuyaux en poteries systématiquement posés dans le sous-sol, ou bien au moyen de tout autre système de conduits souterrains, combinés de manière à faire circuler à travers la couche arable et l'air et l'eau. Les premiers travaux de drainage n'ont rencontré qu'une incrédulité moqueuse dans les campagnes. Le succès du procédé, qui repose sur le jeu des affinités chimiques bien comprises des divers corps de la nature pour l'oxygène, ainsi que M. Chevreul l'a montré le premier, a été, par bonheur, prodigieux. Des terres qui n'avaient jamais pu porter que des joncs et d'autres plantes marécageuses ont donné de magnifiques récoltes. Ailleurs les rendements des champs ont été doublés ou triplés, les travaux sont devenus plus faciles à exécuter; enfin des contrées malsaines ont perdu leur insalubrité. Le cultivateur a vu, et il a cru. Quand la science a remporté de pareilles victoires, elle a le droit de dire aux *utilitaires* qui demandent à quoi servent les théories : « Nul fait bien constaté n'est négligeable; dans une bonne analyse chimique, il y a peut-être un bienfait immense [1]. »

1. Je veux abriter sous la parole éloquente d'Arago la réfutation que j'ai cru devoir faire de ceux qui demandent toujours *à quoi bon* des théories. Mon illustre maître et ami s'est exprimé en ces termes dans l'éloge de Fresnel qu'il a lu, en 1832, à l'Académie des sciences de l'Institut :

« Dans une Académie des sciences, si elle apprécie convenablement son mandat, l'auteur d'une découverte n'est jamais

La connaissance approfondie du rôle actif de l'oxygène dans les phénomènes agricoles a appelé vivement l'attention sur l'espèce d'inertie que présente l'autre gaz qui existe dans l'atmosphère dans une proportion cependant quatre fois plus grande que l'oxygène. La présence de l'azote dans tous les végétaux et dans toutes les matières animales, son accumulation dans les graines et dans toutes les substances végétales les plus nutritives

exposé à cette question décourageante, qu'on lui adresse si souvent dans le monde : *A quoi bon?* Là, chacun comprend que la vie animale ne doit pas être la seule occupation de l'homme; que la culture de son intelligence, qu'une étude attentive de cette variété infinie d'êtres animés et de matières inertes dont il est entouré, forment la plus belle partie de sa destinée. Et d'ailleurs, lors même qu'on ne voudrait voir dans les sciences que des moyens de faciliter la reproduction des substances alimentaires; de tisser avec plus ou moins d'économie et de perfection les diverses étoffes qui servent à nous vêtir; de construire avec élégance et solidité ces habitations commodes, dans lesquelles nous échappons aux vicissitudes atmosphériques; d'arracher aux entrailles de la terre tant de métaux et de matières combustibles dont les arts ne sauraient se passer; d'anéantir cent obstacles matériels qui s'opposent aux communications des habitants d'un même continent, d'un même royaume, d'une même ville; d'extraire et de préparer les médicaments destinés à combat-

pour les animaux domestiques ou pour l'homme, sa rareté incontestable dans les roches qui forment l'écorce de notre globe, ont fait supposer qu'il est possible que certaines plantes soutirent l'azote de l'atmosphère; mais toutes les recherches qui ont été effectuées pour passer de présomptions vagues, dont la science ne doit jamais être satisfaite, à une certitude positive n'ont pu démontrer l'assimilation directe du gaz azote atmosphérique

tre les nombreux désordres dont nos organes sont incessamment menacés; la question *à quoi bon?* porterait à faux. Les phénomènes naturels ont entre eux des liaisons nombreuses, mais souvent cachées, dont chaque siècle lègue la découverte aux siècles à venir. Au moment où ces liaisons se révèlent, des applications importantes surgissent, comme par enchantement, d'expériences qui jusque-là semblaient devoir éternellement rester dans le domaine des simples spéculations. Un fait qu'aucune utilité directe n'a encore recommandé à l'attention du public est peut-être l'échelon sur lequel un homme de génie s'appuiera soit pour s'élever à ces vérités primordiales qui changent la face des sciences, soit pour créer quelque moteur économique que toutes les industries adopteront ensuite, et dont le moindre mérite ne sera pas de soustraire des millions d'ouvriers aux pénibles travaux qui les assimilaient à des brutes, ruinaient promptement leur santé et les conduisaient à une mort prématurée. » (*Notices biographiques*, tome I, page 167.)

par les plantes. Cependant les premières vues des savants qui se sont occupés de cet important problème n'étaient pas complétement erronées. On s'accorde à reconnaître aujourd'hui que l'azote qui se rencontre dans tous les êtres vivants ou dans les dépôts qu'ils ont formés après leur mort a pour source première l'océan aérien, au fond duquel les créatures terrestres sont plongées. Mais, avant d'arriver aux plantes, l'azote aérien se transforme. Il est démontré que la terre non fumée acquiert à la longue des proportions notables d'azote, et que, par la jachère, le sol arable s'enrichit un peu plus que ne l'explique l'apport en matières azotées fait par les eaux pluviales et les météores. La fixation de l'azote atmosphérique dans le sol paraît se faire par plusieurs modes qui ne sont pas tous complétement éclairés. Se forme-t-il de l'ammoniaque par la combinaison de l'azote gazeux dissous dans l'eau avec l'hydrogène de cette eau, lorsque les composés ferrugineux du sol passent à l'état de peroxyde, de même que la formation de la rouille du fer est accompagnée de production d'ammoniaque? La nitrification incontestable des terreaux a-t-elle lieu non pas seulement au moyen des composés déjà azotés qui s'y trouvent préalablement, mais encore au moyen d'une certaine quantité d'azote atmosphérique qui se combinerait avec l'oxygène de l'air sous l'influence mystérieuse de la porosité? L'état particulier de l'oxygène, connu sous le nom d'*oxygène ozoné*, et l'électricité atmosphérique, pourraient aussi expliquer la formation directe d'acide nitrique au moyen de l'azote de l'air sans le concours de matières organiques azotées.

Quoi qu'il en soit, la chimie, en montrant que l'azote de l'air n'est tout au plus qu'une ressource lointaine pour la végétation, en appelant l'attention sur l'importance des engrais contenant des matières azotées facilement décomposables soit en ammoniaque, soit en acide nitrique, a rendu à l'agriculture un immense service que la reconnaissance des hommes se plaira toujours à reporter à MM. Boussingault et Payen. C'est avec vérité qu'ils ont pu dire que la proportion d'azote contenue dans un engrais ordinaire donne, en général, la mesure de son utilité; leur table des équivalents des engrais restera comme un monument de précision, contre lequel ne pourront rien des

objections consistant à dire que l'azote n'est pas
le seul corps efficace parmi les éléments des engrais, ou bien que, dans quelques expériences
douteuses, des engrais fortement azotés n'ont pas
produit autant de résultats que des matières minérales ne renfermant que peu d'azote. La chimie
n'a mérité aucun des reproches qu'on a prétendu
lui adresser sur ce sujet, car jamais la prépon-
dérance exclusive de l'azote n'a été proclamée
par les maîtres de la science. Il n'y a pas d'engrais absolu ; il y a seulement des engrais relatifs,
des engrais complémentaires de la richesse du
sol, selon l'expression si juste de M. Chevreul.
Tout est engrais qui apporte à un sol un élément
utile à la végétation manquant dans ce sol. Les
divers principes utiles doivent être entre eux
dans de certains rapports harmoniques ; l'excès
d'un principe utile dans des conditions déterminées peut devenir nuisible si les circonstances
changent. Quand un sol est saturé d'engrais, une
nouvelle addition de matière fertilisante n'est pas
suivie d'un accroissement de récolte, à moins que
l'on ne parvienne, par des labours profonds, par
du drainage ou par quelque autre moyen, à

changer la constitution primitive du terrain. Enfin la nature des engrais employés peut altérer gravement la qualité des produits du sol.

En même temps que la chimie donnait aux agriculteurs une sorte d'échelle propre à mesurer les valeurs relatives des divers engrais du commerce, elle fournissait des moyens d'analyse rapides et commodes à l'aide desquels on peut aujourd'hui, à peu de frais, vérifier la richesse des engrais dans un grand nombre de laboratoires que les administrations préfectorales de beaucoup de nos départements [1] ont pourvus, à cet effet, des ustensiles nécessaires. Il y a lieu, sans doute, de recommander de ne faire emploi des procédés analytiques qu'en y apportant la sagacité qu'y mettent les chimistes exercés, de manière à ne faire dire aux méthodes que ce qu'elles peuvent réellement indiquer. Ainsi certains procédés d'analyse, d'ailleurs d'une exécution extrêmement commode, ne donnent pas dans un engrais l'azote engagé sous la forme de nitrates, et cependant

1. Loire-Inférieure, Gironde, Ille-et-Vilaine, Somme, Finistère, Côtes-du-Nord, Indre, Morbihan, Vendée, Maine-et-Loire Loiret, Côte-d'Or, Seine-et-Marne, Oise, etc.

les nitrates, ainsi que l'ont prouvé de nombreux essais pratiques tentés en Angleterre dès 1840, sont éminemment fertilisants.

Dans les vérifications des engrais, il faut aussi tenir grand compte du phosphore qui s'y trouve généralement engagé sous forme de phosphate de chaux, le corps constituant de nos os. Le phosphore, au point de vue absolu, n'est pas moins utile que l'azote; il en faut, toutefois, aux plantes des proportions moindres. Depuis des siècles, dans certaines contrées, mais depuis 1820 seulement d'une manière de plus en plus générale, les os sont employés en grande quantité en agriculture; qu'ils aient été préalablement calcinés ou qu'on les utilise à l'état naturel, ils rendent de très-grands services dans les terrains surchargés de matières végétales et qui, récemment défrichés, n'ont pas encore reçu de marne ou de fumier de ferme. Au commencement de ce siècle, Humphry Davy disait dubitativement : « Le phosphate de chaux est probablement nécessaire aux récoltes de blé et aux autres céréales.... Il serait vraisemblablement utile aux terres labourables surchargées de matière végétale. » Ces aperçus, émis avec une sage réserve [1], cachet des travaux des grands observateurs qui prévoient, mais qui n'affirment pas au delà des faits constatés, sont devenus aujourd'hui des vérités incontestées, grâce aux nombreux et décisifs travaux de plusieurs savants illustres, et notamment de MM. Élie de Beaumont, Boussingault, Payen. Après que le docteur Buckland a eu découvert, en

1. Quelques personnes ont attribué à Humphry Davy une opinion positive sur l'importance des phosphates en agriculture. et on a même fait dire à l'illustre chimiste que la stérilité actuelle de la Sicile, autrefois le grenier de Rome, était due à l'épuisement des phosphates produits par des exportations de blé continues. Voici comment Davy s'est exprimé : « L'exportation du grain dans le pays, si elle n'est pas compensée par l'importation de quelques engrais, doit définitivement amener l'épuisement du sol. Plusieurs terrains, maintenant sables incultes, ont été jadis, dans le nord de l'Afrique et dans l'Asie Mineure, des campagnes fertiles. La Sicile fut le grenier de l'Italie; la quantité de blé que les Romains en emportèrent est vraisemblablement aujourd'hui la cause de sa stérilité. » Ainsi Davy n'avait pas discerné le phosphore parmi les éléments dont le lent épuisement dans les terres cultivées pouvait amener la stérilité d'une contrée ; mais il professait le principe déjà reconnu comme une vérité incontestable par les chimistes du commencement de ce siècle, que toute exportation de denrées agricoles doit être compensée dans un domaine par une importation équivalente d'engrais.

Angleterre, le phosphate de chaux fossile, les longues, patientes et si précieuses analyses de M. Berthier sont venues corroborer les analyses anté-rieures de Théodore de Saussure sur les cendres laissées par la combustion de toutes les plantes, et elles ont mis hors de doute l'importance du phosphore dans la végétation. Il a été désormais prouvé que la présence du phosphore dans toutes les plantes, quelles que fussent les terres où elles avaient été récoltées, ne pouvait pas être un fait fortuit; que le phosphore est un élément essentiel de la constitution de leurs diverses parties, comme il est un élément essentiel de la constitution de plusieurs organes principaux des animaux. De là à la réciproque il n'y avait qu'un pas.

On devait penser qu'on augmenterait la fertilité des sols peu riches en phosphore lorsqu'on emploierait les phosphates non plus à titre d'amendements, mais à titre de véritables engrais. L'expérience a vérifié cette induction toutes les fois que le phosphate dont on a fait usage a été répandu dans un état convenable, en rapport avec la composition même des terres arables et des récoltes à obtenir. Aujourd'hui les phosphates fossiles, ou bien ceux des os des animaux sont recherchés avec ardeur dans le monde entier. Ils constituent pour le commerce une branche considérable d'activité et pour l'agriculture une cause nouvelle de prospérité.

De temps immémorial pour ainsi dire on sait que les cendres de bois sont alcalines, qu'elles contiennent de la potasse. Plus tard on a su que le tartre du vin donne par sa calcination un corps identique à l'alcali obtenu par la calcination des grands arbres des forêts. Au commencement de ce siècle les analyses de Théodore de Saussure ont fait connaître que toutes les cendres laissées par la combustion des végétaux terrestres renferment de la potasse. Le sagace expérimentateur a alors démontré que les sels alcalins sont puisés par les plantes dans la terre elle-même ; qu'il faut que le sol en contienne pour que la récolte en renferme. De là à constater l'indispensable nécessité de la potasse comme aliment des végétaux, il n'y avait pas loin. Mais, auparavant, ce qui suffit au fond comme preuve agricole, ainsi que le rapporte le comte de Gasparin dans le premier volume de son beau Cours d'agriculture publié en

1843, on avait remarqué les grands effets produits par l'arrosage des gazons avec des lessives alcalines étendues, et la presque infertilité d'un grand nombre de sols très-pauvres en potasse mais possédant d'ailleurs d'autres éléments de fécondité. Dès lors ont tout à fait cessé d'être admises comme dignes d'examen les idées de ceux qui pensaient que les plantes avaient la faculté de former, de créer de toutes pièces quelques-unes des matières minérales contenues dans leurs tissus. La présence de la potasse dans les engrais est maintenant réputée une des conditions de leur puissance fécondante, surtout pour les récoltes qui renferment beaucoup de cet alcali. C'est ainsi que M. de Liebig a pu annoncer aux cultivateurs qui livrent leurs betteraves aux fabriques de sucre que les mélasses et les vinasses emportant la potasse des champs, ceux-ci finiraient par s'épuiser si les fermiers ne la restituaient dans une juste mesure. La ruine, dans un délai plus ou moins éloigné, est certaine pour ceux qui ne réimportent pas dans leurs domaines la potasse qu'ils en exportent.

De même que la potasse caractérise davantage les cendres du bois, la soude est l'alcali principal que l'on rencontre dans les cendres des plantes marines. Longtemps, la soude du commerce n'avait d'autre source que les cendres des plantes venues sur les bords de la mer ou dans les terrains salés. Dans les végétaux continentaux la potasse et la soude s'accompagnent d'ordinaire. Les deux alcalis paraissent se remplacer l'un l'autre dans les phénomènes essentiels de la végétation. Aussi, il est très-probable que tous deux sont à la fois nécessaires. Ils doivent se trouver dans le sol arable ou dans les engrais.

En même temps que les idées sur la véritable manière d'agir des engrais devenaient plus précises, les recherches des chimistes indiquaient aux agriculteurs le parti qu'ils pouvaient tirer d'un grand nombre de matières jusqu'alors jetées dédaigneusement et amoncelées en tas inutiles et nuisibles. Une foule de résidus qui encombraient jadis les usines ou les voiries des grandes villes donnent désormais une extrême fécondité aux terres sur lesquelles on les répand. On a trouvé des mines d'engrais qu'on exploite avec la même ardeur que les mines de houille ou de minerais métalliques. Les gisements de guano ont cessé d'être appréciés seulement par les populations barbares de l'Amérique méridionale ; la consommation de ce précieux engrais n'est limitée en Europe que par le prix excessif qu'exige le monopole exercé par le gouvernement péruvien. Il serait injuste de ne pas rappeler que les premiers échantillons de guano rapportés en France par Alexandre de Humboldt, à son retour de son grand voyage aux régions équinoxiales, si fécond pour l'avancement des sciences, ont été analysés, en 1806, par Foucroy et Vauquelin. C'est ainsi que dès le commencement de ce siècle ces laborieux chimistes, hommes de grande prévision et d'initiative, ont fait voir que le guano est surtout caractérisé par une forte proportion d'urate de potasse, d'urate d'ammoniaque et de phosphate de chaux, c'est-à-dire par des matières azotées, phosphorées et potassiques, matières que la science a proclamées, quarante ans plus tard, être les indices certains auxquels on reconnaît les meilleurs engrais.

Dès 1821 M. Mariano de Rivero a aussi fait connaître en Europe les propriétés fertilisantes du nitrate de soude, ou salpêtre d'Iquique, employé par quelques populations péruviennes pour l'amendement de leurs terres. C'est surtout dans le but d'introduire des principes azotés dans leurs champs que les agriculteurs anglais se servent maintenant de nitrate importé du Pérou.

Ainsi ont augmenté en nombre les engrais minéraux donnés aux plantes comme aliments. A la marne, aux engrais marins tels que la tangue, les varechs et leurs cendres, à la chaux, au falun, au plâtre, au phosphate de chaux, au nitrate de soude, on va pouvoir joindre tantôt les sels de potasse découverts en Allemagne à Stassfurt-Anhalt.

Les anciens ne connaissaient guère que la marne, et encore son usage n'était-il répandu qu'en Grèce, dans les Gaules et dans la Grande-Bretagne. La raison de son efficacité leur échappait ainsi qu'on le constate facilement en lisant le Mémoire si remarquable de Bernard Palissy intitulé : « Pour trouver et connoistre la terre nommée *Marne*, de laquelle l'on fume les champs infertiles, ès pays et régions où elle est connue, chose de grand poids et nécessaire à tous ceux qui possèdent héritages. » Ce n'est que plus tard qu'on a su que le marnage avait surtout pour but de donner de la vigueur aux plantes qu'on veut récolter dans des sols seulement siliceux ou exclusivement argileux. Et cependant le chaulage était lui-même pratiqué dans l'antiquité, notamment chez les Gaulois, plus avancés en agriculture que leurs vainqueurs les Romains.

Mais de tels usages lorsqu'on n'avait aucune idée exacte sur les raisons de l'efficacité de tel ou tel principe, ne pouvaient devenir généraux ; ils se répandaient de proche en proche dans une contrée, mais en se localisant jusqu'à ce qu'un homme de génie exerçât son influence pour propager un bienfait. N'est-ce pas ce qui a eu lieu pour le plâtre à partir des publications faites en 1765 par le pasteur allemand Meyer, et plus tard après les mémorables et saisissantes expériences de Franklin. S'il est encore des points douteux, si l'on rapporte des faits contradictoires dans l'emploi de ces agents, on peut compter que des études chimiques, plus suivies, plus approfondies, finiront par faire disparaître toutes les obscurités, en même temps qu'elles seront la cause de nouveaux progrès dans l'art de produire les végétaux.

Dès les premiers pas de la chimie analytique, les matières contenues dans les organes des plantes et des animaux furent soumises à des recherches attentives qui n'ont pas cessé d'être poursuivies avec une persévérance encouragée par les bienfaisantes conséquences qui en ont été les résultats. La chimie a ainsi porté une vive lumière sur les phénomènes de la vie des êtres organisés, sur les lois qui président aux mouvements incessants de la matière circulant du sol dans les plantes, puis dans les animaux, pour revenir au sol dont elle était originaire, en prenant parfois la forme gazeuse ou poussiéreuse pour être disséminée à travers l'atmosphère par les vents et par les pluies sur toute la surface de notre planète. La statique chimique des êtres organisés, dont les travaux de Lavoisier et des émules ou des disciples de ce grand homme ont donné successivement les éléments, a été établie avec une admirable rigueur dans une leçon célèbre et éloquente de M. Dumas[1]. Mais l'influence de la

---

1. La *Leçon sur la statique chimique des êtres organisés* a eu plusieurs éditions ; elle a été publiée en 1841, avec de nombreuses notes, sous les deux noms de MM. Dumas et Boussingault.

chimie sur l'agriculture ne s'apprécie pas seulement par de si grands services rendus au progrès
des connaissances humaines sur les plus difficiles
et les plus grands problèmes de la physique terrestre et de la physiologie végétale ou animale.
En découvrant les principes immédiats qui se
rencontrent dans les différents végétaux, la chimie a créé des industries dont la prospérité a
assuré le progrès de l'agriculture et a fait la richesse d'un nombre immense d'exploitations
rurales. Il suffit de nommer le sucre, les corps
gras, l'alcool, pour montrer l'importance civili-
satrice des découvertes chimiques. L'histoire
signalera toujours à la reconnaissance publique
les nombreux travaux de Chaptal sur la betterave
et sur le vin, les découvertes hors ligne de
M. Chevreul sur les principes que l'on retire des
huiles et des graisses, les recherches utiles de
Parmentier et de Cadet de Vaux sur la pomme
de terre et les autres racines contenant des matières féculentes; les publications de M. Dubrun-
fant sur les procédés d'extraction du sucre et de
l'alcool; les persévérants et si remarquables travaux de M. Payen sur les développements des

végétaux et leurs sécrétions. Combien les terres sont devenues plus fertiles, combien elles donnent plus de blé et nourrissent plus de bétail, partout où s'établissent des sucreries, des distilleries, des féculeries, des huileries, qui permettent de n'exporter hors du domaine agricole que des principes carbonés, hydrogénés et oxygénés, et d'y laisser, à l'état de résidus divers, les autres éléments des végétaux, notamment les principes azotés, phosphatés, potassiques, et autres corps minéraux plus ou moins précieux.

La chimie a prouvé, en effet, qu'en exportant seulement du sucre, de l'alcool, de la fécule, de l'huile, on enlève au sol du carbone, de l'oxygène et de l'hydrogène, c'est-à-dire des éléments qui ne lui font presque jamais défaut; on y laisse, sous forme de résidus constituant des engrais ou une nourriture excellente pour le bétail, de la pulpe, des vinasses, des tourteaux et quelques autres produits qui retiennent tout l'azote, tout le phosphore, toute la potasse, en un mot tous les principes rares ou coûteux à restituer au sol, tous ceux qui se transforment facilement en viande et qui permettent, en outre, au bétail de donner un riche fumier. La continuation de l'étude des principes immédiats des végétaux et des animaux donnera certainement d'autres résultats précieux dont l'importance, si elle ne saurait être exactement calculée d'avance, peut du moins être présumée par les bienfaits déjà acquis. Les sciences d'observation ne s'arrêtent pas ; elles n'arrivent jamais au bout de leur carrière, et c'est une chose providentielle que les hommes en cherchant soient toujours assurés de trouver : *Quærite, et invenietis* [1].

Et voyez un exemple nouveau de la vérité de ce principe en ce qui concerne la chimie. La vigne, les pommes de terre, les vers à soie sont en proie à des maladies qui menacent de ruine les viticulteurs, les cultivateurs de racines et les sériciculteurs. N'est-ce pas à la chimie que de toutes parts on s'adresse afin de lui demander des remèdes, des moyens de guérir ou de prévenir le mal ? La chimie a indiqué le soufre contre la maladie de la vigne ; elle cherche malheureusement encore des agents efficaces contre la propagation du

1. *Ev. sec. Matthæum*, VII, 7; *Ev. sec. Lucam*, XI, 9.

champignon qui s'attaque aux pommes de terre, et contre la maladie des vers à soie. Mais, un chimiste illustre, fécond auteur de travaux pleins d'intérêt sur les fermentations, inventeur d'un procédé pour préserver les vins de toute altération[1], n'est-il pas officiellement chargé de découvrir un moyen de sauver la sériciculture de la ruine presque complète dans laquelle le fléau menace d'engloutir une des plus riches branches de l'agriculture nationale?

Ainsi dans le cercle entier de ses applications à l'agriculture, qu'elle ait étudié soit le sol, soit les engrais, soit enfin les plantes ou les animaux, la chimie a fait de si nombreuses et de si importantes découvertes que son histoire se rattache intimement à l'histoire des progrès de l'économie rurale.

II

Dès la fin du siècle dernier, la liaison de la chimie avec l'agriculture a fait le sujet d'un traité

1 M. Pasteur.

publié en Angleterre par le comte de Dundonald. Une chaire de chimie agricole fut, dès lors, occupée à Edinburgh par Rennie. L'illustre savant à qui l'on doit la découverte du potassium, du sodium et de tant d'autres corps simples, Humphry Davy, a publié un admirable *Traité de chimie agricole* qui a été traduit trois fois[1] en français; ce livre appartient à cette classe d'écrits sur l'agriculture qu'on lira éternellement et qui rappellent à nos esprits reconnaissants les noms de Caton, Varron, Columelle, Olivier de Serres, Mathieu de Dombasle.

Tout le monde sait que Chaptal est auteur du premier traité de chimie appliquée à l'agriculture, qui ait été composé en France. Depuis lors les ouvrages de ce genre se sont beaucoup multipliés, et ils sont lus avidement par les agriculteurs, qui demandent incessamment à la chi-

---

1. En 1819, sous le titre d'*Éléments de chimie agricole*, 2 vol. in-8; en 1820, sous le titre d'*Éléments de chimie appliquée à l'agriculture*, 1 vol. in-12; en 1825, sous le titre d'*Art de préparer les terres et d'appliquer les engrais*, ou *Chimie appliquée à l'agriculture*, 1 vol. in-12. — Davy naquit à Penzance (Cornouailles) en 1778, et mourut à Genève en 1829.

mie des renseignements nouveaux pour guider leurs essais. En même temps, un grand nombre de professeurs réunissent autour de leurs chaires[1] de nombreux auditoires heureux de trouver dans la chimie un moyen puissant de pénétrer les secrets de la nature. Tous ces savants, membres, correspondants ou lauréats de la Société centrale d'agriculture de France, suivent à l'envi la voie féconde qui a été ouverte par les chimistes illustres dont les noms se sont imposés à notre mémoire dès le commencement de ce discours.

Lavoisier[2], le législateur de la chimie moderne, a fait connaître le rôle immense de l'oxygène atmosphérique; le volume de Mémoires qu'il a publié avec Clouet sur la production du sal-

---

1. Outre la chaire de chimie agricole occupée à Paris au Conservatoire des arts et métiers par M. Boussingault, MM. Malaguti à Rennes, Girardin à Lille, Isidore Pierre à Caen, Baudrimont à Bordeaux, Ladrey à Dijon, Bobierre à Nantes, Houzeau à Rouen, font des cours publics de chimie appliquée à l'agriculture.

2. Lavoisier naquit à Paris le 16 août 1743. Pour le deuil éternel de ceux qui ont le culte des sciences et le respect du génie, il mourut sur l'échafaud le 8 mai 1794. Il fut élu membre de la Société d'agriculture en 1783.

pêtre contient la substance de toutes les découvertes récentes sur la nitrification du sol arable.

Vauquelin[1] a fait patiemment un grand nombre de recherches ou d'analyses sur les séves des végétaux, sur l'absorption de la chaux par les plantes, sur les os des animaux, sur les maladies des arbres, sur les urines de l'homme et des animaux, sur le lait, sur le guano, sur la germination et la fermentation des graines et des farines, et sur une foule d'autres matières utiles à l'agriculture.

Fourcroy[2] a été le collaborateur de Vauquelin dans un grand nombre de ses recherches de chimie agricole.

Outre la Chimie appliquée à l'agriculture, outre plusieurs Mémoires sur le sucre de Betterave, sur la fermentation et la distillation des vins, Chaptal[3] a donné un grand Traité sur la culture

1. Vauquelin est né en 1763, à Saint-André-d'Hébertot (Calvados); il est mort le 14 novembre 1829; il a été élu membre de la Société d'agriculture en 1801.

2. Fourcroy est né à Paris le 15 juin 1755; il est mort le 16 décembre 1809; il a été nommé membre de la Société en 1784.

3. Chaptal est né à Nogaret (Gévaudan) en 1756; il est mort en 1832; il est entré à la Société d'agriculture en 1798.

de la Vigne, avec l'art de faire le vin, les eaux-de-vie, les vinaigres.

Cadet de Vaux[1] a publié sur les Blés germés un Mémoire qui contient le principe de la conservation des moissons dans les temps humides ; comme Chaptal, il a étudié d'une manière utile la culture de la Vigne et la fermentation du vin ; on lui doit aussi de bonnes recherches sur les farines et la pomme de terre.

Darcet père[2] a étudié les pierres à chaux et leur décomposition par la chaleur ; Darcet fils[3] a publié de nombreux et utiles travaux sur l'assainissement des lieux habités et des magnaneries.

Van Mons[4], qui fut un des plus célèbres associés étrangers de la Société centrale d'agriculture,

1. Cadet de Vaux est né à Paris le 13 janvier 1743 ; il est mort en 1828 ; il était devenu membre de la Société d'agriculture en 1787.

2. Jean Darcet est né à Douazit (Landes) le 7 septembre 1725 ; il est mort en 1801 ; il a été élu membre de la Société d'agriculture en 1787.

3. Jean-Pierre-Joseph Darcet est né à Paris le 31 août 1777 ; il est mort en 1844 ; il est entré à la Société d'agriculture en 1831.

4. Van Mons est né à Bruxelles en 1765 ; il est mort en 1844.

après avoir fait des recherches chimiques sur plusieurs plantes, s'est occupé du perfectionnement de diverses espèces de fruits et a laissé un nom célèbre dans la pomologie.

Quelle magnifique pléiade d'hommes illustres s'occupant dans les mêmes années des questions agricoles! Quelques-uns ont conquis par leurs découvertes une gloire immortelle qui montre à tous que l'étude des sciences pures est la plus noble et la plus glorieuse carrière, en même temps que leur application à l'agriculture est un bienfait pour l'humanité.

Avoir rapproché la composition chimique des sols de celle des plantes et avoir conclu de ce rapprochement que, au moins en ce qui concerne les éléments qu'on appelle minéraux et qu'on retrouve dans les cendres laissées par la combustion des végétaux, il n'y a pas dans une plante un seul corps qui ne se trouve aussi dans le sol arable, telle a été l'œuvre première accomplie, à la fin du siècle dernier et au commencement de celui-ci, par les chimistes illustres dont nous venons de dire succinctement les travaux principaux utiles à l'agriculture. Dès lors on cessa peu à peu de professer en économie rurale que les plantes peuvent créer elles-mêmes quelques-uns des corps minéraux qu'elles renferment; on abandonna l'idée que le sol n'a pas d'autre rôle que celui de soutien ou de support. Mais que de théories erronées il restait encore à détruire !

Si, instruit par l'expérience des siècles, on admettait que le fumier d'étable, les déjections des hommes et un grand nombre de débris de végétaux ou animaux, pouvaient servir de nourriture aux plantes, on supposait d'un autre côté qu'avec une suffisante quantité de bétail et en soumettant les champs à un assolement convenable, on pouvait entretenir indéfiniment et même accroître la fertilité d'un domaine, malgré les exportations continues en grain et en plantes industrielles qu'on en faisait.

Si l'on convenait que quelques cultures enlevaient au sol plusieurs de ses éléments de fertilité, on ajoutait aussitôt qu'à côté des cultures épuisantes, il y avait des cultures améliorantes susceptibles de restituer par leur vertu propre tous les principes de la séve à une végétation toujours plus luxuriante.

On imaginait que dans l'intérieur de la terre résidait une force spéciale susceptible d'imprimer à l'humus une action végétative qui produisait la vie de la plante. Peu importait la nature physique et chimique du sol, s'il contenait suffisamment d'humus et s'il était doué d'une vieille force. Quant aux substances minérales, telles que la marne, la chaux, le plâtre, les cendres, on ne leur attribuait qu'une puissance stimulante sur le sol; on comparait leur action à celle que le sel et les épices exercent sur les phénomènes de la digestion de l'homme. Les labours n'avaient pas d'autre effet que de rendre la terre assez meuble pour que les racines des plantes pussent y pénétrer. Si, malgré tous les soins du cultivateur pour produire beaucoup de fumier par les fourrages et obtenir une plus grande quantité d'humus, la terre montrait cependant une certaine tendance à fournir de moins abondantes récoltes, on disait qu'elle avait besoin de se reposer, et on justifiait ainsi l'antique usage de la jachère. La terre épuisée était assimilée à un homme fatigué par le travail, qui a besoin de reposer ses membres par le sommeil. Si elle cessait de produire en abondance certaines récoltes, le trèfle, par exemple, malgré des doses répétées et stimulantes de chaux, de marne ou de plâtre, on disait qu'elle était malade. Pour la guérir, pour la refaire, on avait recours à des labours plus profonds ou plus souvent répétés, à des fumures plus énergiques ; on éloignait le retour de la culture devenue en quelque sorte récalcitrante ; mais on n'imaginait pas qu'il y eût à rechercher des causes spéciales dues à l'absence de quelques éléments particuliers enlevés au sol par le mode de culture suivi jusqu'alors.

Pour modifier ces théories, dues pour la plupart non pas à des savants, mais à des praticiens, car il faut bien remarquer que les hommes de pratique se livrent plus volontiers à des théories que les hommes habitués aux sciences d'observation, il fallut que de nouvelles expériences fussent entreprises.

D'abord la balance, qui a régénéré la chimie dans le dernier quart du dix-huitième siècle, est intervenue dans les discussions agricoles pour y faire jaillir des lumières sans lesquelles on ne pouvait que continuer à s'égarer. Grâce aux méthodes d'analyse organique, successivement per-

fectionnées depuis Lavoisier, par Gay-Lussac et
Thenard, Théodore de Saussure, Prout et Hermann,
par MM. Chevreul, de Liebig, Dumas et Stas, Will et
Warrentrapp, Péligot, on a pu arriver à constater
rigoureusement et exactement la composition élémentaire soit des végétaux eux-mêmes, soit de
quelques-uns de leurs organes, soit enfin de leurs
principes immédiats. Dès lors la comparaison
entre la somme des corps simples contenus dans
une récolte et la somme des mêmes corps enfer-
més dans le sol et dans les engrais, est devenue
possible. Aussi un grand résultat a été bientôt
obtenu. On a reconnu d'abord que les récoltes de
graines et de toutes les plantes dites épuisantes
sont tout particulièrement riches en matières
azotées. Une fois ce fait bien établi, et l'idée que
les plantes pouvaient créer ces matières sans en
prendre les éléments au milieu qui les entoure
étant à tout jamais abandonnée, on chercha à résoudre définitivement le problème de la source
de l'azote constituant des végétaux. Cet azote est-
il pris au sol, aux engrais, à l'atmosphère? Tels
sont les termes simples auxquels le problème a
été ramené. Il a reçu une solution satisfaisante,

et qui a été l'origine des plus grands progrès pour l'agriculture.

Tout d'abord ayant soumis à l'analyse élémentaire les nombreux engrais essayés jusqu'alors un peu empiriquement dans les divers sols, on a constaté que ceux de ces engrais qui donnaient les meilleurs résultats, c'est-à-dire les plus fortes récoltes, étaient aussi généralement ceux qui présentaient à l'analyse les dosages les plus considérables en azote. De là l'origine de la première table des équivalents chimiques des engrais, table reposant sur leur contenance seule en azote et que MM. Boussingault et Payen auront à tout jamais la gloire d'avoir donnée à l'agriculture. De 1840, époque où son premier type a été publié [1], date une

1. Le travail de MM. Boussingault et Payen a été publié en deux Mémoires dans les *Annales de chimie et de physique*, 2ᵉ série, t. III, p. 65, et t. VI, p. 449 (1841 et 1842). M. Payen avait préludé à cette œuvre, qui fait date dans la science agricole, par un Mémoire couronné en 1825 par la Société centrale d'agriculture; dans ce Mémoire il avait prouvé « que les débris les plus putrescibles des animaux peuvent être appliqués à l'engrais des terres sans aucune déperdition préalable, à la seule condition de ralentir les effets de la putréfaction et de proportionner ainsi la dissolution et le dégagement des produits azotés à la croissance des plantes qui doivent les absorber. »

ère de progrès incontestables. Les cultivateurs ont eu dans le monde entier une échelle comparative pour mesurer enfin le degré d'efficacité agricole d'un grand nombre de matières auxquelles il était jusqu'alors impossible d'indiquer un rang ou d'accorder une préférence suffisamment justifiée. Les mêmes considérations purent s'appliquer aux fourrages et à toutes les substances alimentaires des hommes et des animaux. Chose bien remarquable d'ailleurs, les équivalents des fourrages, déterminés par les résultats des dosages d'azote, s'accordent en général assez bien avec ceux adoptés depuis longtemps par la pratique des agriculteurs.

Toutefois, ainsi que l'histoire des applications des sciences en montre beaucoup d'exemples, il arriva bientôt que quelques-uns des disciples des maîtres donnèrent un sens trop absolu à leurs préceptes; les équivalents attribués aux engrais prirent dans leurs écrits et leurs leçons une signification exagérée. On ne parla pendant quelque temps que du rôle de l'azote dans la végétation, en oubliant celui de tous les autres éléments. Une réaction se fit naturellement. Des contradicteurs s'élevèrent, qui ne firent pas plus d'attention que les partisans trop zélés de la théorie azotiste aux sages restrictions dont les auteurs de la table des équivalents des engrais avaient eu soin de s'entourer. D'abord les équivalents déterminés n'étaient qu'une approximation ; ensuite ils ne représentaient la vérité qu'autant qu'on devait employer les matières fertilisantes comparées dans des conditions analogues, c'est-à-dire dans des sols manquant au même degré des principes azotés, n'ayant pas une constitution trop différente, et pour des récoltes ayant un égal besoin de ces mêmes principes. Enfin l'azote ne devait pas être engagé dans les corps proposés pour fumer la terre, sous des formes trop difficilement destructibles par la fermentation ou par les agents atmosphériques ; la substance devait, au contraire, pouvoir facilement donner lieu à des sels ammoniacaux, à des nitrates, ou à d'autres composés azotés solubles.

Toutes ces conditions remplies, il est resté et il restera toujours vrai que dans les sols suffisamment pourvus de composés minéraux divers, les engrais valent d'autant plus qu'ils sont plus riches en azote et contiennent ce corps simple sous une forme plus facilement assimilable par la végétation. Mais de là à dire que les autres matières sont sans utilité, il y a tellement loin, que les auteurs des premières tables des équivalents des engrais et des équivalents des fourrages durent protester contre l'abus que des gens irréfléchis faisaient des nombres qu'ils avaient donnés. Dès la deuxième édition de son *Économie rurale*, publiée en 1851, M. Boussingault eut soin d'insister pour montrer que les dosages d'azote n'étaient qu'un renseignement propre à comparer différentes substances contenant d'ailleurs des principes minéraux en quantité suffisante. Il fit plus, il construisit une table d'équivalents des engrais fondés sur les dosages proportionnels en acide phosphorique[1]. Il ajouta

1. « Plusieurs auteurs, dit M. Boussingault (*Économie rurale*, 2e édition de 1851, t. II, p. 115), dans leurs écrits sur des sujets agricoles, ont affecté de croire que l'azote était pour nous l'unique élément utile des fermiers. Des publications remontant à 1837, les discussions soulevées dans cet ouvrage prouvent surabondamment que nous n'avons jamais professé une opinion aussi exclusive. Quand en 1840 nous (MM. Boussingault et Payen) avons exécuté notre travail, il n'existait pas, que je sache, une seule analyse d'engrais ; il fallait bien

en outre que d'autres principes devaient être pris
en considération selon les sols et selon les récoltes
à obtenir, et que, après l'azote et l'acide phosphorique, les corps que l'on devait regarder comme
les composés les plus précieux dont on avait à
tenir compte, en raison de leur rareté relative et
de l'importance de leur rôle, étaient la potasse,
la chaux, la magnésie[1]. A partir de ce jour, dans

commencer ; et, comme nous voyions alors comme aujourd'hui,
l'élément le plus important dans la substance azotée, nous
avons procédé à la recherche de l'azote dans 130 espèces de
matières utilisées comme engrais. Depuis, en vue de compléter
les équivalents, j'ai introduit dans la table un élément nouveau, l'acide phosphorique, afin de pouvoir comparer la matière fertilisante au fumier de ferme sous le rapport des
phosphates. Malheureusement, je n'ai pu étendre cette recherche à toutes les substances inscrites dans le tableau (contenant les équivalents par rapport à l'azote) ; c'est que le do-
sage de l'acide phosphorique est bien moins rapide que celui
de l'azote. Au reste, il est dans l'essence des données numé-
riques destinées aux applications de se perfectionner avec le
temps ; il y a donc lieu d'espérer que, d'ici à quelques années,
l'analyse apportera dans les équivalents des engrais d'importantes rectifications. »

1. Dans la même édition de son *Économie rurale*, en parlant
de sa table des équivalents des engrais (t. II, p. 83), M. Boussingault dit en effet : « Il eût été à désirer qu'on y rencontrât
les proportions des autres éléments minéraux, comme la po-

l'estimation du prix des engrais commerciaux, les cultivateurs anglais d'abord, puis tous ceux de l'Europe et de l'Amérique, supputèrent avec soin les dosages en azote assimilable (principalement en ammoniaque), en acide phosphorique et en potasse. On estime en bloc les autres matières minérales et organiques. Cette manière d'opérer suffit amplement, quant à présent, aux besoins de la pratique ; la science n'est plus dans ces questions au-dessous de ce qu'on attend d'elle, quoique les méthodes d'analyse demandent encore bien du temps et de l'habileté en ce qui concerne surtout la détermination exacte de l'acide phosphorique et de la potasse.

III

Deux voies parallèles ont été suivies par les chimistes : ils ont déterminé la composition des

tasse, la chaux, la magnésie ; car, lorsqu'il s'agit de substituer un engrais à un autre, il conviendrait que la substitution eût lieu pour chacun des principes constituants. Mais il n'y a encore qu'un très-petit nombre d'analyses ; et j'ai dû me borner

plantes, et ils ont recherché la composition des sols et des engrais. Le résultat a été que tous les éléments constatés par les premières analyses se sont retrouvés parmi ceux obtenus dans les dernières; l'arrangement seul des principes diffère.

Ici une question capitale se présente naturellement à l'esprit. N'y a-t-il pas dans la similitude des éléments indiqués par les analyses dans la terre et dans les végétaux, une sorte de pure coïncidence fortuite susceptible de faire illusion? Les plantes ont-elles réellement besoin de tous les corps que l'analyse signale dans leurs organes?

De très-belles expériences dues au prince de Salm-Horstmar, dont nous avons traduit de l'allemand en français l'important Mémoire[1], ont dissipé tous les doutes sur ce problème de physiologie végétale. Ces expériences, il est vrai, n'ont porté que sur la végétation de l'avoine; mais elles prouvent d'une manière irréfutable qu'au moins seize corps simples des chimistes sont indispensables

pour les substances minérales à présenter, quand elle a été possible, la proportion d'acide phosphorique. »

1. *Annales de chimie et de physique*, 3e série, t. XXXII, p. 461 et t. XXXV, p. 54.

sous diverses combinaisons à cette céréale. Tout ce qu'on pourrait objecter, c'est qu'il faudrait opérer sur d'autres plantes pour examiner aussi leurs besoins propres. Or, le seul fait qui surgira de nouvelles expérimentations, consistera forcément ou à augmenter le nombre des corps simples nécessaires, ou bien à le limiter à celui déjà découvert. Dans l'état actuel de la science, une chose est certaine, c'est que la végétation est plus exigeante qu'on ne le suppose généralement; elle a besoin d'un grand nombre de corps qu'elle met en œuvre; mais la nature a généralement pourvu à une foule de circonstances que le savant ne découvre que par des études attentives.

Chose digne de remarque, parmi les corps indispensables à l'accomplissement parfait de toutes les phases de la végétation, si l'on en croit les expériences du prince de Salm-Horstmar, il en est un que l'on ne retrouve pas dans les cendres fournies par les plantes : dans un sol absolument dépourvu d'alumine, l'avoine ne reproduit pas sa graine, et cependant l'avoine ne contient pas ce corps dans ses organes. L'importance du rôle de l'argile ne consiste donc pas à fournir un élément direct aux végétaux. Des recherches subséquentes ont expliqué cette sorte d'anomalie.

Mais auparavant un problème inverse avait été résolu. Ce problème est le suivant : Est-il vrai que les corps indiqués par l'analyse, comme existant soit dans les plantes soit dans les engrais, agissent d'une manière efficace pour augmenter la fertilité de la terre? Les substances particuliè- rement riches en substances azotées, en phosphates, en sels de potasse, ont-elles vraiment une influence marquée? Des expériences directes ont résolu la question d'une manière qui ne peut laisser aucun doute même aux esprits qui, de parti pris, et il s'en trouve, tiennent en suspicion les indications de la chimie et les traitent de vaines théories. Il faut citer en première ligne les expériences de M. Kuhlmann; elles ont en quelque sorte inauguré une méthode expérimentale maintenant devenue habituelle, et ayant pour principe de demander aux plantes elles-mêmes le secret de l'utilité des matières fertilisantes. Cette méthode consiste surtout à opérer simultanément sur des parcelles de terre voisines, les unes sans aucun engrais, les autres fertilisées par des fumiers de ferme, les autres enfin recevant des matières dont le pouvoir fécondant est à essayer. Les excédants de récoltes qui se présentent pendant plusieurs années successives, pour telle ou telle nature de récolte, en raison de l'usage des diverses substances employées, par rapport aux produits donnés par les parcelles où l'on n'a pas mis d'engrais et à celles où l'on a répandu le fumier d'étable, servent de mesure. M. Kuhlmann a ainsi mis en évidence l'action favorable exercée pour la production du foin, par les sels ammoniacaux et le nitrate de soude principalement[1]. Cette même méthode expérimentale a été depuis lors constamment mise en pratique par les chimistes et les agronomes. M. Persoz a été des premiers à l'appliquer pour montrer que la vigne qui donne des produits où l'on rencontre toujours des sels de potasse, se trouve très-bien des fumures dans lesquelles entrent des combinaisons potassiques[2].

1. *Expériences chimiques et agronomiques*, par M. Fréd. Kuhlmann, 1847; Recueil de mémoires relatifs spécialement à la nitrification et à la théorie des engrais, présentés à l'Académie des sciences de 1838 à 1846.

2. *Nouveau procédé de culture de la vigne;* brochure in-8°, Paris, 1849.

Mais auparavant, dès 1840, elle avait été employée dans la Grande-Bretagne sous l'impulsion de M. Pusey, alors président de la Société royale d'agriculture d'Angleterre, par plusieurs agriculteurs, MM. Barclay, le comte de Zutland, Alderson, W. Calvert, etc., dans le but de rechercher la puissance fertilisante du nitrate de soude. La convenance de se servir de ce sel comme engrais pour la production du blé, fut ainsi mise hors de doute; l'utilité de son usage pour la culture de l'avoine, de l'orge, des turneps, et pour la production du foin, fut ensuite démontrée de la même manière par les expériences les plus variées. L'étude comparative de la valeur fertilisante du nitrate de potasse, des sels alcalins, du phosphate de chaux plus ou moins basique, du guano, des tourteaux, des matières les plus diverses, fut poursuivie particulièrement en Angleterre et en Allemagne avec une grande activité, toujours par la même méthode. La pratique agricole en a retiré d'énormes avantages.

M. Bouchardat avait, avant les expériences de M. Kuhlmann, essayé de voir si les dissolutions de divers sels d'ammoniaque exerçaient une bonne ou une mauvaise influence sur la végétation; de ses recherches il avait conclu que de telles liqueurs, quoique très-diluées agissent sur les plantes à là manière de véritables poisons.

Voilà des résultats bien opposés. Mais la contradiction disparaît si l'on fait attention que M. Bouchardat s'était arrangé pour que les dissolutions ammoniacales pénétrassent en nature dans les organes des végétaux. Or lorsqu'on opère en mélangeant les sels ammoniacaux au sol d'ailleurs aéré, les racines des plantes plongent dans un milieu complexe, où ont pu et dû se produire des décompositions et des combinaisons engendrant une nourriture convenable pour les récoltes à obtenir.

Le sol arable, en effet, ne joue pas un rôle purement mécanique, n'est pas chimiquement passif, pendant que s'accomplissent les diverses phases de la végétation. Lorsqu'on ajoute à une terre une substance dite fertilisante, celle-ci agit différemment sur le rendement des récoltes futures, non pas seulement en raison des exigences propres des plantes spéciales qu'on désire produire, mais aussi en raison de la matière même de la terre arable, de sa constitution physique et chimique. Les expériences de MM. Huxtable, Thompson et Thomas Way[1], en Angleterre; celles de M. Brustlein[2] exécutées dans le laboratoire de M. Boussingault, en France; celles enfin de MM. W. Henneberg, Stohman[3] et de Liebig[4], ont montré que la terre jouit de la propriété de fixer plusieurs des éléments des engrais.

L'ammoniaque et d'une manière générale les bases alcalines peuvent être retenues par l'argile. Les plantes n'absorbent pas alors en nature les matières en dissolution avec lesquelles on peut arroser un sol. La forme sous laquelle les matières minérales et les sels ammoniacaux sont appliqués à un champ par un arrosage ou par un simple étendage, peut être considérablement modifiée par la terre arable qui a la propriété de les présenter aux plantes dans un état spécial, variable sans doute suivant sa constitution. Par là

1. *Journal de la Société royale d'agriculture d'Angleterre,* t. XI, p. 313, 1850.

2. *Annales de chimie et de physique,* 3e série, t. LVI, p. 157, 1859.

3. *Journal fur Landwirthschaft.* Janvier 1859.

4. *Annalen der Chemie und Pharmacie,* t. CV, p. 109.

on comprend comment l'alumine, quoique n'entrant pas dans la composition des organes des plantes, est néanmoins, ainsi qu'il résulte des expériences du prince de Salm-Horstmar précédemment citées, indispensable à l'accomplissement de l'ensemble des phénomènes de la végétation. Il est désormais évident que le sol arable est une sorte de laboratoire où, sous l'influence des agents atmosphériques, se défont les combinaisons inutiles ou nuisibles aux récoltes, ou bien se font au contraire les combinaisons particulièrement efficaces. Les réactions sont différentes selon l'état physique du sol et selon son hygroscopicité. Cela se conçoit facilement, puisqu'il peut naître, selon les circonstauces, des composés volatils ou bien des corps plus ou moins solubles dans l'eau dont la terre est plus ou moins imbibée. Les matières azotées ou ammoniacales et les sels alcalins sont ainsi transformés.

On trouve du reste la vérification de toutes ces conséquences, lorsqu'on analyse les eaux de drainage, ainsi que nous l'avons fait en 1853; nous avons alors constaté la présence, dans l'eau s'écoulant des sols drainés, de quantités très-notables de divers nitrates[1]. On est arrivé à des résultats analogues en Angleterre et en Allemagne. Une seule objection pourrait être faite. Les nitrates des eaux qui ont traversé une tranche du sol arable ne proviennent-ils pas des eaux pluviales, des météores; ont-ils une relation certaine avec les matières employées à fertiliser les champs? La question se lie au problème difficile des apports de l'atmosphère à la végétation, et quelques explications sont ici nécessaires.

Par de curieuses expériences, M. Boussingault a mis en lumière l'action que le salpêtre exerce sur la végétation. Dans son travail l'illustre agronome a bien voulu faire ressortir l'importance de nos propres observations sur la permanence de l'acide nitrique dans les eaux pluviales. Ce fait n'avait pas été constaté avant nos recherches. Quelques chimistes seulement, parmi lesquels nous citerons Bergmann et M. de Liebig, avaient reconnu la présence des azotates dans les eaux d'orage. Les résultats que nous avons obtenus ont été consignés dans trois Mémoires

1. Voir notre Traité du drainage et des irrigations.

adressés à l'Académie des sciences. Le premier de
ces Mémoires a seul été publié; il est inséré dans
le tome XII du *Recueil des savants Étrangers*, par
ordre de l'Académie, sur un rapport d'une commission composée de MM. Dumas, Boussingault,
de Gasparin, Regnault et Arago, rapporteur.
Outre des chlorures, des sulfates et des phosphates, nous avons trouvé constamment, dans
l'ensemble des eaux pluviales de chaque mois de
l'année recueillies à Paris et à Brunoy, en pleine
campagne, des nitrates, de l'ammoniaque et des
matières organiques azotées. Des recherches entreprises en France, en Angleterre, en Allemagne,
ont vérifié la plupart des résultats que nous avons
obtenus. Nous avons particulièrement insisté sur
deux points, sur l'ammoniaque et sur l'acide nitrique, non pas parce que nous avions l'opinion que
les eaux pluviales étaient la seule source où les
plantes puisaient ce que les engrais ou le sol ne
leur donnaient pas, mais simplement parce que
la présence constante de ces matières dans la
pluie devait être regardée comme l'indice certain de leur rôle important dans les grands phénomènes naturels. A cet égard, nous n'avons

cherché qu'à apporter notre pierre à un monument dont les bases ont été jetées par nos illustres prédécesseurs, et qui s'est élevé peu à peu, grâce aux travaux d'hommes tels que Bergmann, de Saussure, Boussingault, Liebig. Mais pour que notre démonstration soit complète, il faut que nous entrions dans quelques détails.

On pourrait n'avoir pas saisi pourquoi nous avons rattaché l'action du nitrate à l'absorption de l'azote par les plantes, lorsqu'elles croissent dans un sol privé d'engrais, et la question a d'autant plus besoin d'éclaircissements que par suite des confusions introduites dans la science par quelques personnes, la question de l'absorption de l'azote semble perdre de sa netteté, cela sans doute parce que bien du monde s'en occupe, et, parmi ce monde, plusieurs qui ne la comprennent que très-imparfaitement.

Toute question de science a son point de départ dans la découverte qui l'a soulevée. Dans des Mémoires publiés en 1837 et 1838 M. Boussingault a établi que, dans un sol complétement stérile, arrosé avec de l'eau pure et maintenu à l'air libre, mais à l'abri de la pluie, des plantes ont néanmoins fixé une faible quantité d'azote dans leur organisme. Ce fait, bien inattendu alors, fut bientôt vérifié en Hollande, en Belgique et en Allemagne. M. Boussingault, en l'annonçant, avait reconnu que l'analyse chimique était impuissante à constater autre chose, si ce n'est que l'azote fixé pendant la végétation avait été pris dans la masse de l'atmosphère. En effet, ce principe, à l'état gazeux dans l'air, pouvait s'être uni directement en perdant son état aériforme; ou bien l'azote acquis avait pour origine, soit l'ammoniaque que l'atmosphère renferme en très-petite proportion, soit ces poussières que l'air tient continuellement en suspension, et dont M. Boussingault a dit que « la permanence en est mise hors de doute par le seul témoignage des sens, quand un rayon de soleil pénètre dans un lieu peu éclairé, » et en ajoutant que « l'imagination se figure aisément, mais non sans un certain sentiment de dégoût, tout ce que renferment ces poussières que nous respirons sans cesse, et que Bergmann a si bien caractérisées en les nommant les *immondices de l'atmosphère.* »

A notre avis, de telles poussières sont azotées;

elles doivent agir comme du fumier. Aussi voyons-nous M. Boussingault se préoccuper de leur action, et, dans une de ses expériences, faire végéter du cresson, qui cependant fixa encore dans ses organes une faible quantité d'azote, dans un appareil disposé pour les exclure.

Ainsi, dès 1838, le fait de l'assimilation de l'azote par les plantes étant démontré, la question se trouvait posée en ces termes : *La faible proportion d'azote assimilée par une plante cultivée à l'air libre dans un sol doué de matières organiques azotées provient-elle de l'azote que l'air renferme à l'état gazeux ou de quelques autres principes azotés assimilables que contient l'atmosphère ?*

Si l'on était d'accord sur le fait, on ne l'était pas sur le mode de l'assimilation. Saussure croyait que l'azote dont la fixation par les plantes est démontrée par les nombreuses expériences de M. Boussingault, provenait et de l'ammoniaque atmosphérique et de l'ammoniaque que pouvait engendrer avec le gaz azote de l'air, par voie de fermentation, l'hydrogène de la matière organique de la graine et de la plante [1]. M. Mulder,

1. Bibliothèque universelle de Genève.

d'Utrecht, adopta l'opinion de Saussure, et chercha à la corroborer par des expériences dans lesquelles il ajouta au sol calciné des matières organiques non azotées, dont l'intervention eut pour
effet d'augmenter notablement la proportion d'a-
zote fixée par le végétal. Nous acceptons les résultats obtenus par M. Mulder; mais nous ne pouvons nous empêcher de faire remarquer combien
sont délicates et sujettes à des illusions les expériences dans lesquelles on fait intervenir les matières organiques qu'on suppose ne pas contenir
d'azote, même accidentellement. C'est ainsi que
l'on a eu l'idée, malheureuse selon nous, d'ajouter de l'amidon au sol. D'après sa formule chimique, l'amidon est uniquement formé de carbone, d'hydrogène et d'oxygène, mais, en fait, il
est peut-être impossible de trouver un échantillon
de cette substance qui ne renferme au moins 2 mil-
lièmes d'azote. En ajoutant, par exemple, un kilogramme d'amidon au sol, on y porterait 2 grammes et peut-être plus d'azote agissant comme celui
du fumier. Les expériences faites avec l'amidon
ne prouvent donc rien absolument.

L'opinion de Saussure a pris plus d'extension,

en ce sens, qu'on a prétendu que les parties non azotées du végétal pouvaient encore déterminer une production de nitrate avec l'azote de l'air, nitrate que la plante assimilerait. Cette idée s'est répandue surtout en Hollande. M. Millon a montré de son côté la facilité de la nitrification dans les terres riches en humus et a insisté sur le rôle que le nitre, qui se produit par exemple naturellement dans les terres de l'Algérie, doit exercer sur les récoltes de cette contrée.

Tant d'observations diverses devaient évidemment nous porter à rattacher les effets du nitre qui sont les mêmes que ceux de l'ammoniaque sur les plantes, à la question de l'assimilation de l'azote. Mais tout porte à penser que l'ammoniaque est d'abord transformée en composés nitriques au contact de l'oxygène atmosphérique condensé dans le sol arable ; ce qui nous porte surtout à l'admettre, c'est l'action nuisible ou nulle sur la végétation des composés ammoniacaux dont on empêche la nitrification.

Les recherches de M. Boussingault, ont démontré que le salpêtre est absorbé *directement* sans le concours de substances susceptibles d'éprouver la fermentation putride, et que l'azote fixé par la plante soumise au régime de ce sel, représente presque exactement la totalité de l'azote qui se trouvait dans le nitrate, le végétal n'ayant pris, dans cette circonstance, que deux à trois milligrammes d'azote à l'atmosphère [1].

L'azote des nitrates est donc assimilable, comme on devait d'ailleurs le déduire de l'emploi du salpêtre du Pérou dans la grande culture; mais il était utile de prouver l'absorption directe de ce genre de sel, et c'est ce que M. Boussingault a fait le premier. Si, d'après l'extension prise par les idées de Saussure, les parties non azotées des plantes, la cellulose, l'amidon, les huiles se nitrifiaient, on comprendrait comment le nitre formé porterait l'azote de l'air dans l'organisation végétale. Mais il faut bien le reconnaître, cette absorption de l'azote atmosphérique, par suite d'une nitrification préalable due à des substances végétales, n'est encore établie sur aucune donnée précise : c'est une simple supposition. Il y

1. Mémoire lu à l'Académie des sciences le 19 décembre 1855.

a plus, dans les recherches faites en 1854 par M. Boussingault, on trouve une expérience qui tendrait à faire croire que cette nitrification ne se réalise pas ; car des graines de lupin, ayant perdu leurs facultés germinatives, sont restées pendant cinq mois dans du sable contenant des cendres alcalines, le mélange humide étant constamment exposé au contact de 100 litres d'air, sans donner le plus léger indice de nitre [1]. Mais dans d'autres conditions, ainsi qu'il semble résulter des recherches de M. Cloez, la nitrification de l'azote de l'air dans un milieu poreux peut se produire.

En faisant naître des plantes dans un sol calciné arrosé avec de l'eau pure, non plus en plein air, mais soit dans des appareils où l'atmosphère est confinée, soit sous une cloche où l'air est renouvelé continuellement, en passant d'abord sur de l'acide sulfurique purifié, auquel il abandonne l'ammoniaque, sans y pouvoir prendre des composés nitreux [2], on voit le végétal fixer du car-

1. *Annales de chimie et de physique*, année 1854.
2. Voici comment, dans son Mémoire sur l'eau de la mer Morte, M. Boussingault s'exprime sur la nécessité de n'employer que de l'acide sulfurique purifié lorsqu'il s'agit de re-

bone, de l'hydrogène, de l'oxygène, qu'il prélève sur l'air ou sur l'eau ; mais il résulte des expériences de M. Boussingault, que la récolte obtenue dans ces conditions ne renferme pas sensiblement plus d'azote que n'en contenait la semence ; d'où on a conclu que l'azote gazeux de l'air n'est pas *directement* assimilable. Et la

tenir l'ammoniaque d'un courant d'air qui doit traverser une cloche sous laquelle on fait végéter des plantes :

« Aussi est-ce une précaution en quelque sorte élémentaire que d'éliminer d'abord les composés nitreux de l'acide sulfurique que l'on destine, soit à dessécher des gaz, soit à retenir l'ammoniaque d'un courant rapide d'air atmosphérique. Si on la négligeait, les gaz entraîneraient certainement des vapeurs nitreuses, pour peu qu'il s'en trouvât dans les appareils dessiccateurs du purificateur.

« Dans des expériences faites au Conservatoire des Arts et Métiers, j'ai constaté, dans de nombreux échantillons d'acide sulfurique pris dans diverses fabriques, la présence de produits nitreux. En faisant passer pendant dix jours et dix nuits, dans un tube rempli de fragments de ponce imbibés d'une dissolution de carbonate de potasse pur, un courant rapide d'air atmosphérique qui traversait d'abord un flacon contenant 1 kilogramme d'un de ces acides sulfuriques du commerce, puis un long tube chargé de ponce imprégnée du même acide ; l'air a entraîné assez de vapeurs nitreuses pour former une quantité très-notable de nitrate de potasse dans la ponce alcaline. »

preuve que la résistance de l'azote gazeux de l'air à l'assimilation ne dépend en aucune façon ni des appareils ni des milieux où vivent les végétaux, c'est que, sans rien changer aux dispositions générales, si l'on donne au sol du terreau, des graines mortes devenues un véritable engrais, la plante, en se développant dans une atmosphère limitée, mais qui alors repose sur un terrain fertile, fixe de l'azote comme elle en fixe quand elle croît dans une terre fumée.

Ainsi une graine mise dans un sol sans trace d'engrais, arrosée avec de l'eau pure, produira une plante qui, si elle est élevée à l'air libre, pourra porter des fleurs, donner des semences, et, après deux ou trois mois de végétation, l'analyse comparée accusera un gain d'azote de quelques milligrammes (il s'agit d'une plante issue d'une seule graine), sans qu'on puisse, avec certitude, en voir l'origine dans l'azote gazeux de l'air [1]. Si cet azote intervient, c'est qu'alors, quittant l'état de gaz, il entre dans une de ces combinaisons azotées assimilables formées sous des

---

1. *Annales de chimie et de physique*, 3e série, t. XLVI, page 5.

influences non encore bien déterminées. Ces combinaisons, ammoniaques ou nitrates, sont, à n'en pas douter, l'origine première de l'azote des plantes et des animaux , comme l'admettait M. Boussingault dès 1837, lorsqu'il disait : « Si nous examinons quels peuvent être les gisements de l'azote, nous trouvons, en laissant en dehors les animaux, les végétaux ou leurs débris, qu'il n'y en a véritablement qu'un seul, et ce gisement c'est l'atmosphère. Il est donc extrêmement probable que tous les êtres organisés, et par conséquent les plantes , ont emprunté leur azote à l'atmosphère comme ils lui ont emprunté leur carbone. » Et se fondant, d'une part sur la périodicité des orages dans toute la région intertropicale, de l'autre sur l'expérience fondamentale de Cavendish montrant l'étincelle électrique , excitée dans l'air humide, produire de l'acide nitrique et de l'ammoniaque, M. Boussingault arrivait à cette conclusion : « que c'est une force électrique, la foudre, qui prédispose l'azote de l'atmosphère à entrer dans la composition des êtres vivants. »

On voit maintenant que la question dont on

s'est tant occupé est assez secondaire. Un fait avait été constaté. Les plantes en l'absence de fumier et des principes fertilisants qu'apportent les eaux pluviales, s'approprient l'azote en très-faible proportion. Il s'agissait seulement d'en spécifier l'origine que, d'une manière générale, on savait déjà être l'atmosphère. Outre l'azote pur, l'atmosphère ne contenait-elle pas de l'azote à divers états de combinaison ? Dans le cas de l'affirmative, les eaux pluviales devaient contenir d'une manière permanente de l'ammoniaque, des nitrates et d'autres substances azotées. C'est ce que nous avons démontré ; mais cela ne veut pas dire que l'azote absorbé par les plantes, en dehors de celui du sol et des engrais, vient de cette seule source. Tout démontre que l'azote de l'air subit des transformations avant de devenir la nourriture des végétaux. Ces transformations ont lieu d'une manière continue. Les siècles, en s'acccumulant, ont ainsi engendré le monde moderne, selon l'idée énoncée par M. Boussingault.

En résumé si l'azote atmosphérique devient un aliment pour les plantes, ce n'est qu'en s'immobilisant dans le sol, en se minéralisant d'abord, selon l'expression de M. de Liebig ; il n'agit pas directement ; il se combine préalablement avec l'oxygène de l'air ou avec l'hydrogène de l'eau. Cette combinaison se fait surtout sous l'influence de l'électricité, et en outre tout particulièrement lorsque l'oxygène aérien a revêtu la forme à laquelle M. Schœnbein, qui l'a découverte, a donné le nom d'ozone.

La nitrification du sol arable ne pouvant se faire que très-lentement par l'oxydation directe de l'azote atmosphérique dans le sol arable, cette ressource ne serait que bien précaire pour la végétation. Une ressource plus fréquente est celle que fournissent les eaux météoriques, c'est-à-dire, la pluie, la rosée, etc. Son importance est mesurée à ce que peut fournir la jachère dans la culture bisannuelle sans aucun engrais ; elle correspond à 7 ou 8 hectolitres de blé tous les deux ans par hectare, et encore cette production ne serait-elle pas indéfinie. Si les eaux météoriques apportent, en effet, comme nos recherches sur les eaux pluviales l'ont démontré, un certain nombre d'éléments minéraux et azotés au sol ainsi irrigué, tous ces éléments ne sont pas dans des rapports tels que les uns ne puissent pas être absorbés par les récoltes plus rapidement que les autres. L'épuisement du sol arable par la culture doit toujours se produire dans un temps plus ou moins long, si l'on ne fait pas à la terre des restitutions opportunes. Que les agriculteurs se gardent d'invoquer à l'encontre de cette conclusion les faits de fertilité plus ou moins permanente qu'ils pensent avoir observés dans quelques champs. Les belles et patientes recherches exécutées en Angleterre par MM. Lawes et Gilbert ont complétement démontré qu'il faut beaucoup de temps pour épuiser complétement un sol arable même de qualité très-médiocre. En tenant compte avec précision de tous les résultats de la culture, en observant pendant plusieurs années pour éliminer les influences perturbatrices des circonstances météorologiques diverses, on trouve toujours un décroissement de rendement, lorsqu'on ne restitue à un sol déterminé qu'un seul des éléments enlevés par les récoltes : matières azotées, phosphates, sels alcalins, etc. Alors la stérilité vient toujours plus tôt ou plus tard, et elle est précédée d'une période d'appauvrissement, lent souvent, fatal toujours.

Sous quel état faut-il restituer à un sol les matériaux utiles aux plantes, et quels sont parmi ces matériaux ceux qui manqueront le plus dans un terrain déterminé? Beaucoup de recherches ont été entreprises pour résoudre cette question, mais elle ne saurait obtenir une solution générale toujours identique. Imaginer un engrais complet, propre à féconder également toute terre, sorte de panacée universelle, c'est faire une folle entreprise dont l'issue malheureuse est prédite par toutes les données de la science positive. Mais il est certain, au contraire, que selon les récoltes à obtenir en raison des appétits des plantes, et selon les divers sols en raison de leur composition chimique, de leur constitution physique, de leur disposition topographique, de leur latitude et d'une foule de circonstances locales, il faut employer des engrais différents. Le fumier de ferme lui-même varie; il y a beaucoup à faire encore pour déterminer sa nature et pour savoir quelle est sa meilleure confection, comme le démontrent les belles recherches successivement publiées par MM. Boussingault, Paul Thenard et Reiset. On peut affirmer seulement qu'il n'est pas indifférent

LES
ENGRAIS CHIMIQUES

ET

LE FUMIER DE FERME.

I

Les questions agitées dans cette troisième partie peuvent être posées en ces termes :

Est-il possible de remplacer complétement le fumier de ferme par quelques composés chimiques, pour la culture indéfinie d'un domaine?

Peut-on, sans avoir jamais recours au fumier, en employant exclusivement un petit nombre de corps d'origine minérale, créer ou seulement entretenir la fertilité d'une terre arable?

Enfin, convient-il de conseiller à l'agriculture de chercher plutôt l'accroissement de sa production dans l'emploi exclusif des phosphates et des sels alcalins et ammoniacaux que dans l'augmentation des prairies irriguées?

L'importance d'un débat sur un tel sujet n'échappera à personne; c'est de la direction même à imprimer à l'agriculture qu'il s'agit.

Nous eussions voulu l'aborder d'une manière impersonnelle. Cela n'a pas dépendu de nous. Il a fallu prendre corps à corps les arguments qui ont été mis en avant pour soutenir des opinions que nous regardons comme contraires aux intérêts les plus chers de l'agriculture.

· La critique pour le plaisir de critiquer est absolument contraire à nos goûts. Nous aimons à discerner le bien au milieu du mal ou du faux, et à mettre le vrai en évidence en taisant, si cela est possible, ce qui est erreur ou mensonge. Mais pour que cette conduite soit honnête et légitime, il faut qu'il n'y ait pas danger public dans les choses où l'auteur est engagé et responsable envers ses lecteurs. On peut garder le silence sur les inventions à but louable quoique erronées en principe, sur les systèmes faux qui ont pour but de bonnes intentions; mais quand une erreur, prenant son appui dans une haute position, dans

de séduisantes perspectives d'intérêts matériels satisfaits, dans de puissants patronages plus ou moins
sympathiquement accordés, menace de s'imposer
à la crédulité vulgaire, il faut bien parler. C'est
ainsi que nous avons été amené à composer ce travail où nous avons essayé de dire ce que nous pen-
sons d'un prétendu système cultural nouveau.

Nous avons voulu accomplir un double devoir
d'impartialité et de conscience : 1° en publiant
exactement, d'après le *Moniteur universel*, le texte
de la conférence faite à la Sorbonne, le 17 mars
1866, sous le titre de *la Crise agricole devant la
science*, par M. Georges Ville, professeur de physique végétale au Muséum d'histoire naturelle;
2° en accompagnant le texte officiel de notes critiques où nous avons cherché à rétablir la vérité
selon nous étrangement défigurée par le professeur.

En agissant ainsi nous avons cru faire d'a-
bord acte d'impartialité. Voici, en effet, ce que
disait le *Moniteur scientifique* en reproduisant le
texte de la conférence de la Sorbonne : « Les dé-
bats qui viennent d'avoir lieu au Corps législatif
et la grande enquête qui va s'ouvrir dans toute la

France donnent à la leçon de M. Georges Ville une importance toute spéciale. A l'avenir, *il va falloir compter avec le réformateur qui parle au nom de la science*, et les journaux spéciaux d'agriculture, qui traitent de rêves ses opinions basées sur l'expérience de plus de dix années, ou qui s'obstinent à faire silence sur les résultats obtenus à Vincennes, seront bien obligés, *quand l'heure va sonner*, ceux-ci d'ouvrir enfin la bouche, ceux-là de cesser leurs quolibets. »

Ainsi, si nous n'avions pas parlé de la conférence du 17 mars, nous eussions pu être accusé de faire partie d'une sorte de conspiration du silence, que l'on supposait organisée par les journaux agricoles contre un réformateur dont l'heure du triomphe devait tantôt sonner. Mais d'un autre côté, si nous avions l'audace de dire notre incrédulité sur un système pompeusement proclamé comme devant apporter une capitale révolution dans les pratiques agricoles, nous courions le risque d'entendre traiter nos critiques de quolibets. Cela n'a pas manqué.

On s'est scandalisé de ce que nous n'avions pas tout simplement publié les assertions de M. Ville, sans chercher à interrompre son discours par nos notes intempestives. Nous eussions dû tout au moins, a-t-on prétendu, attendre plus tard pour hasarder quelques timides observations. Mais n'est-ce pas remplir un devoir de conscience de la part d'un directeur de journal que de ne publier un document officiel qu'il doit à ses lecteurs qu'en le réfutant, alors qu'il le croit plein d'erreurs dangereuses? Aussi malgré les récriminations dont nous avons été l'objet, nous persisterons à suivre la voie où nous apercevons briller la vérité.

II

C'est donc un devoir de conscience qui nous a obligé à ne pas publier la leçon de M. Ville, sans l'accompagner de notes critiques destinées à rétablir les vérités scientifiques, selon nous méconnues ou défigurées par le professeur du Jardin des plantes. Comment oser venir soutenir que nous devions passivement imprimer l'erreur et la servir aux agriculteurs sans faire toutes les réserves nécessaires. Sans doute, la position officielle de l'auteur de la conférence et le patronage dont il est honoré pour l'exécution des expériences de Vincennes, peuvent jusqu'à un certain point couvrir la responsabilité de celui qui ne sait pas, ou bien qui ne se croit pas suffisamment éclairé. C'est ainsi que nous avons commencé par nous borner, en 1864, à insérer sans discussion les résultats des cultures de céréales du jardin de Vincennes. On nous les demandait; nous les donnions tels que nous les avions constatés, en ajoutant seulement que nous n'avions vu que des récoltes, mais que nous n'avions suivi ni les labours, ni l'épandage des engrais, ni les semailles, ni les sarclages, ni toutes les autres opérations qui avaient pu contribuer à faire obtenir des rendements remarquables dans un sol graveleux et originairement peu fertile. On nous affirmait que le sol même sur lequel nous marchions était même antérieurement tout à fait stérile. Nous ne pouvions pas prétendre qu'on l'avait préalablement fortement fumé avec les vidanges provenant des garnisons voisines ou du camp qui naguère avait été établi dans la plaine. Il fallait nous borner à écouter ce qu'on nous racontait, à voir ce qu'on nous montrait, et à prendre des notes, sauf à discuter plus tard.

Nous avons dû patiemment laisser passer les conférences faites par M. Ville sur le champ même des expériences de Vincennes; il nous fallait attendre la publication de leur texte qui a fini par avoir lieu, mais non sans toutes sortes de réticences. Entre temps, on a gagné quelques adeptes; on a fait de la propagande lointaine, difficile à surveiller. Et l'on voudrait cependant que, malgré des sommations pareilles à celles qu'on vient de lire, en présence d'une publicité exceptionnelle donnée dans le *Moniteur officiel* de l'Empire à une leçon faite en pleine Sorbonne, la réserve fût possible.

Qu'auront d'ailleurs à dire les enthousiastes du nouveau système cultural reposant sur l'emploi de l'engrais chimique normal complet? En haut de la page, on trouvera la conférence devenue le MANIFESTE du réformateur; en bas seulement seront les critiques. Le lecteur jugera avec toutes les pièces du procès sous les yeux.

On a annoncé que de nombreuses erreurs s'étaient glissées dans le texte du *Moniteur officiel*, et que le *Moniteur scientifique* seul avait inséré la leçon complète de M. Ville, revue et corrigée par le professeur lui-même; c'est ce texte définitif que

nous reproduisons comme base de nos notes critiques.

Messieurs,

L'agriculture traverse en ce moment une crise sur la
gravité de laquelle il n'est pas plus permis de fermer les
yeux que de se faire illusion.

Les grands pouvoirs de l'État, se rendant en cela les
interprètes de l'émotion publique, ont accordé cette année aux intérêts agricoles une attention particulière, et
l'Empereur, dont l'initiative va toujours au-devant des
difficultés, a ordonné une enquête dans laquelle tous les
intérêts seront appelés à se produire, toutes les souffrances
à se faire connaître, et toutes les opinions à se manifester,
dans les conditions de la liberté la plus étendue[1].

Je vous apporte, Messieurs, l'humble tribut de ma déposition.

Si vous avez suivi avec attention les discussions auxquelles nous venons d'assister, vous voyez que tout le
monde est d'accord sur un point : l'agriculture souffre ;
il est manifeste qu'elle est dans une situation précaire et
embarrassée. Le dissentiment ne commence que lorsqu'il
faut expliquer cette situation et formuler les moyens d'en
conjurer les effets et d'en prévenir le retour.

Les uns l'attribuent, sans hésitation, à l'absence d'un

[1]. Cela est vrai, commençons par le proclamer
bien haut. L'enquête marchant d'abord à pas
timides s'est affermie peu à peu. Toutes les opi-

droit à l'importation sur les céréales. A leurs yeux, le grand coupable serait la liberté du commerce[2].

Les autres, au contraire, objectent que la liberté du commerce est parfaitement innocente du mal qu'on lui attribue. Ils allèguent que l'importation des céréales dans les temps ordinaires est à peine de 1 500 000 hectolitres par an, ce qui est insignifiant par rapport à la production de la France, qui est d'environ 100 millions d'hectolitres, et que rétablir un droit protecteur, ce serait embarrasser en pure perte l'initiative du commerce et s'exposer à paralyser son action pendant les temps de crise, où elle s'est montrée si efficace[3].

nions ont fini par être écoutées avec la plus grande bienveillance, et même on les a sollicitées de se faire entendre. L'enquête agricole de 1866-1867 restera comme un grand fait historique.

2. Un moment seulement cette opinion a été soutenue par un petit nombre en ce qu'elle a d'exclusif; mais dans l'enquête les souffrances de l'agriculture française sont attribuées à beaucoup d'autres causes de la nature la plus diverse. La première partie de cette trilogie expose dans les termes les plus modérés la variété des plaintes et des vœux exprimés.

3. Ces chiffres traduisent mal la situation

L'année 1861 nous a prouvé, en effet, que le commerce, agissant librement, est le moyen le plus sûr de conjurer les conséquences des mauvaises récoltes[4].

moyenne actuelle de la France en ce qui concerne la production, l'importation et l'exportation des grains. Le fait qui domine c'est que la France ne produit pas encore assez pour sa consommation. Si l'on considère les 15 dernières années, on trouve qu'elle a importé dans cette période 79 462 000 quintaux métriques de grains; qu'elle a seulement exporté 63 987 000 quintaux; qu'il y a eu, en conséquence, un excédant d'exportation de 15 480 000 quintaux. La France a acheté à l'étranger des grains et des farines pour une valeur qui a dépassé de 352 millions de francs la somme qui lui a été payée pour ses ventes. Ce fait se renouvelant toujours, il en résulte pour elle une perte qui ne se récupère jamais. Cette perte n'est pas insignifiante; elle pèse essentiellement sur la fortune publique de notre pays.

4. La liberté du commerce est de droit; quand elle est absente, une nation en souffre comme de la privation de toute autre liberté. Mais cette liberté ne saurait conjurer qu'une chose, c'est la menace de

Quant à l'état de gêne dont on se plaint, on s'accorde généralement à l'attribuer aux récoltes exceptionnelles de 1863 et 1864. On dit que, le rendement ayant été excessif pendant ces deux années, il y a eu une exubérance de produit et en conséquence avilissement des prix; ce serait donc là une situation tout à fait transitoire, devant cesser avec la cause qui l'a produite [5].

la disette ou de la cherté du pain pour le consommateur; elle ne peut conjurer pour le producteur la ruine de ses récoltes amenée par des circonstances météorologiques fatales au cultivateur.

5. Cette manière de présenter la question des souffrances de l'agriculture ne peut se défendre. Les plaintes ne portent pas seulement sur les prix et le commerce des céréales, et elles ne sont pas les mêmes dans les diverses parties de la France qui se trouvent différemment affectées par toute crise agricole. L'exubérance des récoltes a été réelle dans quelques régions; ailleurs, il y a eu une certaine faiblesse dans les produits des grains. C'est là surtout ce qui a causé une situation déplorable pour des contrées qui auraient eu besoin d'être dotées d'institutions ou de travaux publics, qui leur manquent à tel point qu'elles sont laissées dans

Pour moi, Messieurs, je ne saurais me rallier à cette opinion et partager cette espérance.

La cause de la situation dont on se plaint est plus profonde; elle tient à ce que l'agriculture, en France, produit à des conditions trop élevées [6].

Vous avez vu, il y a une huitaine de jours, dans le *Mo-*

une funeste infériorité. Il n'y a pas seulement en présence ceux qui disent que les souffrances de l'agriculture proviennent en tout ou en partie de la loi de 1861, et ceux qui affirment que cette loi n'a eu aucune influence sur une crise purement passagère. Il faut encore considérer l'ensemble des conditions de l'agriculture nationale. Mais le but du professeur n'a été évidemment que de parler de ses engrais; il va y arriver. Tout ce qu'il dit avant cette partie fondamentale de son discours n'est qu'une sorte de préambule destiné à rendre les cultivateurs favorables à sa thèse principale.

6. Cette assertion, que l'agriculture nationale produit avec des prix de revient trop élevés, n'est pas nouvelle; elle a été répétée des milliers de fois, avant le professeur de la Sorbonne. On a dit, longtemps avant lui, qu'il fallait augmenter le chiffre du rendement et diminuer le prix des fu—

niteur, la statistique extrêmement intéressante et très-instructive de la production des céréales depuis dix ans. Il en résulte que la moyenne du rendement, en France, est de 14 hectolitres par hectare[1]. Or, lorsque la terre rend 14 hectolitres, quel peut être le prix de revient?

Je trouve dans les annales de Roville les prix de revient établis par Mathieu de Dombasle. Or vous savez avec quelle

mures, sans compter beaucoup d'autres réformes; mais les moyens sont difficiles à trouver; dans tous les cas ceux que va indiquer M. Ville sont tout à fait illusoires.

7. Le document invoqué par le professeur improvisé de la Sorbonne ne donne pas la production des céréales depuis 10 ans; il fournit seulement les chiffres relatifs aux 5 années 1861, 1862, 1863, 1864 et 1865. Il donne, pour les cinq moyennes annuelles : 11.22, 14.43, 16.88, 16.15, 13.85 hectolitres; mais les extrêmes, selon les régions, varient de 8 à 25 hectolitres, et la moyenne générale, qui n'est vraie que pour bien peu de départements, est de 14.51. Un prix de revient unique, de même qu'un chiffre de rendement unique, ne peuvent servir de base à un raisonnement exact, parce que les souffrances de quelques

intelligence supérieure, avec quelle économie, la ferme de Roville était dirigée. Les prix établis par Mathieu de Dombasle peuvent donc être acceptés comme correspondant à la moyenne de nos cultures[8].

Eh bien, Mathieu de Dombasle estime que, pour produire 14 hectolitres de grains, il faut dépenser 294 francs qui se composent ainsi :

	fr.
Loyer du sol	45
Frais généraux	52
Travaux de culture	43
Semences	46
Fumures	74
Récoltes et battages	34
Total	294

d'où il faut déduire 50 fr. pour la valeur de la paille. Reste 244 fr., qui, divisés par 14, nous donnent le prix

localités ne peuvent être compensées ou guéries par la prospérité des autres. Si l'on peut dire tant mieux pour ceux qui prospèrent, on ne doit pas répondre à ceux qui souffrent : Tant pis pour vous !

8. Mathieu de Dombasle est mort il y a 23 ans. On ne peut pas citer comme s'appliquant à notre époque la décomposition des prix de revient qui était exacte de son temps. Il serait tout à fait impossible d'admettre que les prix établis par l'illustre fondateur de Roville, pour une pé-

de 17 fr. l'hectolitre, prix excessif, et par conséquent favorable à l'importation[9].

riode qui remonte à plus d'un tiers de siècle et pour la Lorraine seulement, correspondissent à la moyenne des cultures de toute la France en 1866 et dans les années suivantes.

9. Les chiffres que cite le professeur sont d'une inexactitude qu'il est difficile de s'expliquer. Quelques-uns sont bien conformes à ceux donnés par Dombasle dans les annales de Roville (t. III, p. 137, et t. V, p. 193), pour les années 1834 et 1837, mais d'autres sont tout à fait différents. Voici les vrais chiffres de l'illustre agronome :

		fr.
Loyer	. . . .	40.00
Frais généraux	. . . .	70.75
Fumure	. . . .	82.50
Un labour	. . . .	12.50
Semence (2 hectol. à 15 fr.)	. . . . . .	30.00
Hersage de la semence et salaire du semeur		5.00
Binage et sarclage	. . . .	15.00
Faucillage	. . . .	10.00
Enjavelage, conduite des gerbes et main-d'œuvre à la grange	. . . .	7.50
Battage à la machine	. . . .	6.00
Conduite au marché	. . . .	15.00
Total	. . . .	294.25

10

Je conviens que si la situation que nous traversons s'était produite, il y a cinquante ans, avec le régime de la liberté commerciale, il eût été très-difficile d'en sortir. Et, en effet, il y a cinquante ans, on ne connaissait pour élever le rendement, que le fumier, et, de nos jours encore, il y a beaucoup d'agriculteurs qui en sont là.

Toute la science agricole se résumait dans ces trois axiomes :

De la prairie, du bétail et du fumier.

Vos rendements sont faibles? faites de la prairie, faites du bétail, faites du fumier[10].

Enfin, Dombasle comptait sur un rendement de 16 hectolitres au moins et non pas sur celui de 14. Mais n'est-il pas singulier de voir citer comme applicables à toute la France, en 1866, des comptes datant de 40 ans. Dans tous les cas si l'on jugeait à propos de faire intervenir Dombasle dans le prix de revient d'une époque qu'il n'a pas connue, il eût au moins fallu le citer exactement. Si l'on voulait prétendre que ce n'est pas le compte que nous venons de reproduire qu'on avait eu en vue, nous répondrions que les autres comptes donnés par Dombasle ne se rapprochent pas davantage de celui du texte de la conférence de la Sorbonne.

10. Les agronomes du commencement de ce

Le système était, en lui-même, excellent ; seulement ayez égard, Messieurs, à la situation de l'agriculture en France. Nous n'avons pas affaire ici à la grande culture ; c'est la petite culture qui domine. Or, comment voulez-vous que celui qui possède 2 ou 3 hectares de terre applique cet axiome ; qu'il fasse de la prairie, qu'il fasse du bétail pour avoir du fumier ?

La modicité de ses ressources ne le lui permet pas [11].

siècle ne négligeaient nullement les engrais divers dont ils appréciaient l'importance ; on peut lire sur ce point Dombasle, Thaër, et beaucoup d'autres qui sont très-catégoriques. Seulement ils regardaient avec raison le fumier de ferme comme le principal engrais. Les agronomes d'aujourd'hui ne pensent pas autrement ; mais ils ajoutent qu'avec le fumier produit exclusivement sur la ferme on ne peut entretenir la fertilité d'un domaine, s'il n'y a pas au moyen de la prairie un apport du dehors, lequel apport ne peut être qu'une irrigation souterraine ou de surface. Là où on ne peut irriguer directement ou indirectement, il faut importer soit au moyen de la vaine pâture, soit de toute autre manière, afin de remplacer les principes contenus dans les récoltes vendues.

11. Il y a cinquante ans, comme aujourd'hui,

Je le répète donc, je ne vois pas comment on se serait tiré de cette situation, il y a cinquante ans, sous le régime de la liberté commerciale.

Mais, Messieurs, aujourd'hui nous n'en sommes plus là : produire du fumier pour faire des récoltes n'est plus une nécessité absolue.

Celui qui est placé dans des conditions où il trouve avantage à faire de la viande, peut en faire ; celui qui ne veut pas en faire peut s'en dispenser, sans compromettre le succès de ses cultures. En effet, le moyen de produire artificiellement [12] la végétation n'est plus un mystère ; la

il y avait de petits cultivateurs élevant un peu de bétail dont ils recueillaient les déjections avec plus ou moins de soins ou d'intelligence. Il ne faut pas les détourner de ne rien perdre du fumier de leurs bêtes, car ce fumier leur coûte encore moins cher que ne leur coûteraient les engrais chimiques de M. Ville. Et puis, si les petits cultivateurs n'ont pas assez de ressources pour se procurer des fourrages et du fumier, comment en auront-ils pour acheter de l'engrais ? On va leur conseiller d'emprunter à l'État !

12. Comment, la science aurait trouvé les secrets d'une végétation *artificielle ?* Mais, une telle affirmation confond la raison. Les lois de la végé-

science nous en a dévoilé tous les secrets, et je me propose précisément ce soir, Messieurs, de vous faire connaître les résultats qu'elle a obtenus dans cette voie nouvelle, et les conditions qui permettent de les introduire dans la pratique.

Les végétaux, qui sont si nombreux, si variés dans leurs formes et dans leur organisation, passés au creuset du chimiste, nous ramènent à une invariable fixité de composition; si bien que nous trouvons dans tous les mêmes éléments; que ces éléments, comme les lettres d'un alphabet, se prêtent à toutes les combinaisons; et que les végétaux deviennent, en quelque sorte, les mots différents d'une même langue.

En effet, analysez tel végétal qu'il vous conviendra, un arbre, une plante, une mousse, vous y trouverez invariablement quatorze éléments[13] qui se divisent en deux catégories distinctes :

tation sont éternelles; vous n'avez jamais fait et on ne fera jamais le moindre brin d'herbe artificiellement.

13. Les recherches qui démontrent que, pour que les plantes accomplissent complétement toutes les phases de la végétation depuis la naissance jusqu'à la production des semences susceptibles de donner de nouveaux sujets, il faut le concours d'un nombre de corps qui, décomposés, se réduisent au moins à seize et non pas à quatorze

Ceux que l'on est convenu d'appeler les éléments organiques, savoir : le carbone, l'hydrogène, l'oxygène et
l'azote, ainsi nommés parce qu'on ne les trouve à l'état de
combinaison, dans la nature, qu'au sein des animaux et
des végétaux[14];

éléments (on a vu dans la deuxième partie de cette
trilogie qu'il faut compter peut-être dix-sept éléments nécessaires dans le sol, p. 83), ont toutes
été faites avant que M. Ville s'occupât de ces
sortes de questions. Il eût été juste que le professeur de la Sorbonne rappelât les travaux de ses
prédécesseurs, et ne parlât pas comme si c'était
lui qui avait fait des découvertes auxquelles il est
absolument étranger. D'ailleurs, ce n'est pas par
des analyses élémentaires seules que les chimistes
ont procédé pour arriver aux connaissances actuelles de la science qui sont ici mal rapportées;
nous avons rétabli la vérité dans ce volume.

14. C'est une mauvaise définition. On rencontre à l'état fossile des composés de carbone,
d'hydrogène, d'oxygène, d'azote. M. de Liebig
nomme avec raison éléments atmosphériques
ceux que l'atmosphère peut fournir, et éléments
minéraux ceux qui viennent de la terre; mais ce

Ceux que l'on appelle éléments minéraux, savoir : phosphore, soufre, chlore, silicium, fer, manganèse, calcium, magnésium, potassium et sodium[15], — appelés minéraux parce qu'ils proviennent du sol et appartiennent au règne inorganique.

Quel que soit le végétal que vous analysiez, vous ramenez toujours sa composition à ces quatorze termes fixes et invariables, qui sont la matière première des produits végétaux.

Ce résultat étant constaté, vous comprenez qu'on ait conçu la possibilité de produire artificiellement les végétaux à l'aide de ces quatorze éléments et de les fabriquer pour ainsi dire de toutes pièces, comme on fabrique un produit chimique[16].

ne sont pas les corps simples qui peuvent mériter ces appellations. Les corps simples, sauf l'oxygène, n'interviennent pas dans les phénomènes de la végétation.

15. Pourquoi avoir oublié l'iode, le fluor. L'aluminium qui est aussi passé sous silence, s'il ne se rencontre pas dans les végétaux, ne pourrait être soustrait du sol sans que celui-ci ne perdît de sa fertilité.

16. Cela est tout à fait erroné. Jamais on n'a fait un végétal comme on fabrique un produit

Cherchons donc si, en effet, et de quelle manière, à l'aide de ces quatorze corps, on peut arriver à cet important résultat.

Afin d'éloigner toute éventualité de contestation, prenons comme sol du sable calciné dans un four à porcelaine, c'est-à-dire une matière inerte, ne possédant par elle-même aucun élément de fertilité, en un mot de la silice pure; et voyons si, en semant dans ce sable des grains de blé, nous pouvons, à l'aide des quatorze corps que vous connaissez, refaire ce que l'analyse a défait, produire du blé et définir, dans ce travail, les fonctions particulières de chacun des corps que nous aurons employés.

A la graine et au sable, ajoutons d'abord du carbone, et nous reconnaîtrons que le sable additionné de carbone n'est pas plus fertile que le sable seul [17].

chimique; on a toujours eu recours à une semence placée non pas au milieu de quatorze corps simples, mais bien au milieu de corps composés et complexes.

17. Toute cette exposition de doctrine est mauvaise. Les quatorze corps simples isolés dont il s'agit, à l'exception de l'oxygène, n'exercent aucune action sur la végétation. On les mettrait tous en mélange avec une graine que celle-ci ne germerait pas et ne fournirait pas une plante. Le

Dans une autre expérience, ajoutons à la fois du carbone, de l'hydrogène et de l'oxygène sous forme de composé spécial, le résultat ne sera pas meilleur.

Ainsi, nous voilà amenés à une conclusion singulière. Les végétaux contiennent en moyenne de 45 à 50 0/0 de carbone, de 40 à 45 pour 100 d'oxygène, de 5 à 6 pour 100 d'hydrogène, et la présence de ces corps, dans notre sol artificiel, n'ajoute rien à sa fertilité[18].

Continuons cette recherche : ajoutons cette fois au sable calciné les 10 éléments minéraux, qui, pour le dire en passant, forment la cendre qui reste après la combustion des végétaux. L'effet sera presque nul.

Dans le sable tout seul, la végétation était précaire; dans le sable additionné de charbon la végétation était encore

carbone, le soufre, le fer, le silicium, et tous les autres éléments dont parle le professeur ne produisent aucun effet par eux-mêmes ; ils n'agissent que quand ils sont entrés dans des combinaisons particulières qui, elles, sont les véritables aliments des végétaux. Le charbon isolé n'est pas plus nutritif pour une plante que pour un homme.

18. Mais c'est encore là une énorme erreur. Cultivez donc dans un sol qui ne contiendrait pas d'eau, c'est-à-dire de l'hydrogène et de l'oxygène combinés. Si vous parlez d'hydrogène isolé, vous

précaire; dans le sable additionné d'oxygène, d'hydrogène et de charbon la végétation est toujours précaire ; avec les minéraux elle n'est pas meilleure.

Nous voilà amenés à des conséquences bien inattendues : d'un côté l'invariable témoignage de l'analyse, qui nous fait connaitre les éléments premiers des végétaux, et de l'autre, l'impossibilité, à l'aide de treize de ces éléments sur quatorze, de reproduire la végétation avec les caractères qu'elle présente dans une terre fertile.

Persévérons : faisons une troisième série d'expériences et ajoutons cette fois au sable calciné l'élément que nous avons omis, c'est-à-dire l'azote, dont les végétaux ne contiennent que 1 à 2 pour 100, et que, pour ce motif, nous avions négligé : ce sera, si vous voulez, de l'azote à l'état de sel ammoniac [19].

avez raison; il ne produit rien. Mais essayez de faire germer une graine ou bien tâchez d'obtenir la maturation d'un fruit sans l'oxygène libre, et vous n'arriverez à rien. Au contraire, rien qu'avec une semence dans un sol de sable calciné et avec de l'eau, vous verrez d'abord la germination s'accomplir et ensuite naître une jeune plante.

19. L'azote isolé, tel qu'il est dans l'atmosphère, n'est donc plus, selon l'opinion actuelle de

Pour le coup, le phénomène change, la végétation n'est pas belle, elle reste précaire ; mais tandis que, tout à l'heure, les feuilles étaient jaunes, étiolées, maintenant elles sont d'un beau vert ; immédiatement après la germination, la plante manifeste une extrême vitalité ; il semble qu'elle va prendre un rapide essor ; mais tout se borne à l'apparence, il n'y a qu'un symptôme ; la végétation s'arrête et reste précaire ; on dirait qu'une influence occulte la paralyse. Cependant le rendement accuse une légère amélioration[20].

M. Ville, un aliment pour les plantes ; il avait longtemps soutenu l'assimilation directe de l'azote atmosphérique par les végétaux. Ce qu'il faut aux plantes pour les nourrir, ce sont certaines combinaisons azotées facilement transformables, et cette vérité n'a pas été démontrée par le professeur de physique végétale du Jardin des Plantes.

20. Quand dans du sable humide on met une graine, comme il y a en outre en présence l'atmosphère, la germination se fait, et la plante se nourrit d'abord de la substance de la graine, puis de l'acide carbonique de l'air. Si l'on ajoute un composé ammoniacal, on donne un complément d'aliment, mais un complément insuffisant. C'est ainsi seulement qu'il faut expliquer ces phéno-

Faisons une dernière expérience : à du sable additionné d'une matière azotée, ajoutons les minéraux qui tout à l'heure étaient restés sans effet, et cette fois le phénomène change complétement d'aspect, la végétation est magnifique[21].

Dans ce sol artificiel, qui ne ressemble en rien à la bonne terre[22], le blé réussit aussi bien que dans le sol le

mènes, et on a vu dans la seconde partie de cette trilogie que tout cela était connu avant le prétendu réformateur dont on a le manifeste sous les yeux.

21. La végétation pourra être magnifique si les éléments présentés aux plantes pour les nourrir sont engagés dans des combinaisons convenables et forment une véritable terre arable. Autrement on n'obtiendra rien.

22. Mais cela n'est pas ! Si votre sol artificiel est formé des quatorze éléments dont vous parlez sans que ceux-ci soient engagés dans des combinaisons semblables à celles sous lesquelles ils se trouvent dans une bonne terre, vous n'avez aucun résultat. La végétation n'est magnifique qu'autant que vous avez choisi vos éléments de manière à vous rapprocher le plus possible de la

plus fertile; son chaume acquiert de 1 mètre à 1^m,50 de hauteur, ses feuilles sont larges, d'un beau vert, et ses épis ont de 0^m,05 à 0^m,06 de longueur; le grain est bien formé. Le résultat est complet; nous commandons à la végétation, et nous pouvons désormais faire des végétaux, comme on fait des produits chimiques[23].

composition d'un sol fertile. A votre sable il faudra d'ailleurs joindre de l'argile qui manque dans votre sol artificiel, puisque vous avez oublié l'aluminium parmi les corps simples utiles à la végétation; vous avez complétement méconnu le rôle d'absorbant que joue la terre arable, et vous semblez ignorer que les engrais ne sont que des compléments de ce qui manque dans un sol par rapport aux plantes qu'on veut récolter.

23. C'est une allégation qu'on ne peut pas soutenir; elle est d'une exagération qui passe toutes les hyperboles permises même aux plus enthousiastes. Jamais M. Ville n'a fait un végétal comme on fait un produit chimique, et il n'en a montré à personne, pas même à la Sorbonne. Tout ce qu'il fait consiste à ajouter au sol arable des sels divers composés de phosphate acide de chaux, de potasse, de chaux et de sels

Reste à pousser maintenant un peu plus loin cette étude et à définir les fonctions particulières de chacun des éléments auxquels nous avons eu recours.

ammoniacaux. Est-ce là vraiment commander à la végétation? Si vous étiez plus modeste et disiez tout simplement que certains composés chimiques, des phosphates, par exemple, sont plus utiles que d'autres substances dans certaines terres, vous diriez la vérité, mais vous ne pourriez vous faire passer pour un réformateur. Vous employez donc de grands mots qui couvrent de petites choses dont vous n'avez pas même le mérite d'avoir fait la découverte. Dès lors il n'est pas possible de ne pas vous dire que vous pourriez induire le cultivateur en erreur si celui-ci venait à croire que vraiment vous commandez à la végétation des plantes comme vous pouvez faire cristalliser un sel. Dans votre laboratoire annexé au Jardin des plantes, il n'y a rien qui puisse inspirer une confiance absolue, de même que, dans vos expériences sur le sol de Vincennes, le cultivateur ne trouve pas la garantie d'une exactitude suffisante.

C'est la seule partie un peu difficile de mon sujet, celle où j'ai le plus besoin de votre attention bienveillante.

Nous avons réussi à produire un végétal artificiellement à fertiliser un sol infécond, réduit à l'état de sable calciné et pour cela il nous a suffi d'ajouter à ce sable une matière azotée et du phosphate de chaux, du phosphate de magnésie, du sulfate de chaux, enfin de la potasse, de la soude et de l'oxyde de fer, à l'état d'un silicate unique [24].

Eh bien, maintenant, recommençons, mais en supprimant successivement et un à un la matière azotée, le phosphate de chaux, la chaux et la potasse, tous les autres termes restant au grand complet, voici ce qui arrivera. Quand tous les éléments sont réunis, la récolte atteint, je suppose, 24 ; la suppression de la chaux la fera descendre à 18 ; celle de la matière azotée, à 9 ; celle de la potasse, à 8 ; celle du phosphate de chaux, à 0. Dans ce cas, les plantes meurent huit à dix jours après la germination.

Il résulte de là qu'entre les corps qui déterminent la

24. Voici qu'on indique enfin les corps dont tout le monde s'est servi jusqu'à présent pour fertiliser les terres. On refait purement et simplement un bon sol arable ordinaire en partant du sable et en remplaçant l'argile par des vases de porcelaine ; on met, sans y songer, en présence de la plante, un corps dont on ne citait pas même le nom parmi les corps qui sont indispensables.

fertilité, il y a une solidarité telle que la suppression d'un seul terme suffit pour amoindrir, dans une proportion plus ou moins forte, et même peut rendre tout à fait nul l'effet de tous les autres [25].

Mais, me direz-vous, voilà des expériences de laboratoire auxquelles nous croyons volontiers; toutefois vos plantes venues dans du sable calciné, arrosées avec de l'eau distillée, dans des pots de biscuit de porcelaine, entretenues avec un soin inimaginable, n'ont pas pour nous la même signification qu'une bonne expérience faite en pleine terre.

Je vais répondre à cette objection.

Je suppose que l'on substitue au sable une terre naturelle, celle de Vincennes par exemple, qui, pour le dire en passant, est d'assez mauvaise qualité, et qu'on supprime successivement, comme nous l'avons fait chacun des termes du mélange, en conservant tous les autres; les choses se passeront comme dans le sable. A chacune des suppressions

25. C'est un fait prouvé depuis longtemps par les chimistes qui ont précédé M. Ville. M. le prince de Salm-Horstmar a fait sur ce sujet les expériences les plus convaincantes avant que M. Ville s'occupât d'agronomie et même de chimie. Il a démontré que l'absence d'une seule substance parmi une quinzaine de composés empêche la végétation d'accomplir intégralement toutes ses phases.

correspondra un abaissement de rendement, et je mets sous vos yeux les produits obtenus au champ d'expériences de Vincennes, en opérant dans ces conditions.

Il y a cependant une distinction à faire quand on opère dans la terre naturelle. Les différences que nous avons trouvées dans le sable ne se manifestent qu'imparfaitement dès le début, la terre contenant presque toujours une certaine dose de l'élément qu'on a supprimé. Mais à la deuxième ou troisième récolte, cette cause cessant[26], les effets se confondent avec ceux qu'on obtient dans le sable calciné.

Vous voyez donc, messieurs, que, dans la terre naturelle, en nous conformant aux mêmes conditions que pour le

26. Il faut souvent des dizaines d'années pour épuiser un sol de quelques-uns des éléments qui s'y trouvent originairement en proportion supérieure aux besoins des récoltes. Mais il y a longtemps que l'on sait qu'il faut restituer plus particulièrement à un sol arable, sous une forme propre à l'assimilation par les végétaux, les éléments qui lui manquent ou qui sont en trop faible proportion. C'est pour cela que M. Chevreul a dit qu'un engrais était toujours complémentaire par rapport à une terre cultivée et par rapport aux récoltes à produire.

sable, nous arrivons exactement aux mêmes effets, nous produisons des végétaux de toutes pièces, sans fumier[27], et que nous pouvons, au terme de ce travai', définir les fonctions de chacun des éléments auxquels nous avons eu recours.

Ainsi la pratique confirme les résultats découverts par la théorie ; il y a entre elles une concordance complète ; mais il nous reste deux points à éclaircir.

Nous avons dit tout à l'heure que le carbone ou un composé contenant du carbone[28], de l'oxygène et de l'hy-

27. Ceci est un abus de mots. On ne produit pas des végétaux de toutes pièces sans fumier. Si l'on remplace le fumier par des engrais qui font le même effet, c'est que ce fumier et ces engrais renferment les mêmes éléments nécessaires aux plantes, sous des formes équivalentes. Si de l'engrais fait plus d'effet que du fumier, c'est que, pour le sol, où on opère, et pour les plantes que l'on cultive, l'engrais employé renferme particulièrement les éléments qui faisaient défaut dans ce sol.

28. Du carbone isolé ou un composé contenant du carbone ne sont pas deux synonymes. Le charbon tout seul ne produit aucun effet ; mais du charbon engagé dans une combinaison telle

drogène, ajouté au sol, était sans influence sur la végétation.

Comment cela est-il possible, puisque les végétaux contiennent une si grande quantité de ces trois corps et que les végétaux venus dans le sable calciné, qui en est dépourvu, en contiennent eux-mêmes? Cela s'explique en deux mots :

Le charbon des végétaux ne vient pas du sol, mais de l'air. Dans l'air il y a du gaz acide carbonique. Les feuilles jouissent de la propriété d'absorber ce gaz, elles en fixent le carbone et restituent à l'atmosphère l'oxygène qui lui était uni. La véritable source du carbone des végétaux, c'est donc l'acide carbonique de l'air [29].

que l'humus exerce une influence doublement marquée sur la végétation en concourant à la formation de la séve nutritive et en donnant naissance à de l'acide carbonique qui est fourni à l'atmosphère où le prennent les feuilles.

29. Si, dans les cultures, on ne devait compter absolument que sur l'acide carbonique existant naturellement ou par hasard dans l'air atmosphérique, on n'obtiendrait pas de fortes récoltes annuelles. S'il est vrai que les plantes s'assimilent le carbone de l'acide carbonique qui est décomposé par les parties vertes des végétaux

Ainsi il n'est pas étonnant que l'addition du carbone dans le sol n'exerce pas d'influence appréciable.

sous l'influence de la lumière, il est faux que les matières qui, dans le sol arable, peuvent donner de l'acide carbonique, en raison de leur décomposition hâtée par l'oxygène de l'air que les labours, le drainage, les pluies font entrer et incorporent dans la terre, soient inutiles à la végétation. L'air de l'intérieur d'un sol fertile est plus riche en acide carbonique, comme l'ont démontré MM. Boussingault et Lévy, que l'air atmosphérique. Cet acide carbonique se dégage peu à peu du sol; c'est lui que l'on retrouve quand on analyse l'air; c'est lui que les feuilles absorbent et décomposent. Il y a dans un sol fertile, riche en humus, une source d'acide carbonique mise à la disposition des plantes au moment opportun. Le fumier doit donc fournir du carbone, quoi qu'en dise M. Ville, qui professe ici une erreur capitale. Si la masse du fumier produite par l'agriculture venait à diminuer, si l'humus s'épuisait, la stérilité ne tarderait pas à succéder aux belles récoltes obtenues à l'aide des engrais industriels.

Quant à l'inactivité des produits organiques formés d'hydrogène, d'oxygène, et de charbon, l'explication n'est pas moins aisée [30].

L'oxygène et l'hydrogène contenus dans les végétaux viennent de l'eau ; or le sable calciné dans lequel nous avons expérimenté ayant dû être maintenu à un certain degré d'humidité, les végétaux se sont trouvés, par cela même, pourvus d'oxygène et d'hydrogène [31].

Ce premier point établi, reportons-nous aux expériences en pleine terre.

Nous avons dit que si, dans une terre naturelle, nous ajoutions une matière azotée et les minéraux qui entrent

30. Nous répétons que ces produits organiques sont efficaces, malgré l'assertion contraire de M. Ville ; seuls ils ne peuvent constituer un sol fertile, mais ils concourent à la nutrition des plantes, quand ils sont combinés avec l'ensemble des autres principes nécessaires à la végétation.

31. Encore une erreur capitale. Tout ce que l'on peut dire, c'est que, en fournissant à une plante, en quantité suffisante, de l'eau et de l'acide carbonique, on pourvoit à ses besoins en carbone et en hydrogène, mais non pas à son besoin d'oxygène. Il faut, en même temps que de l'humidité, l'oxygène de l'air. Dans un sol arable, les com-

dans la composition des végétaux, nous réalisions les conditions d'une grande fertilité. Eh bien, il y a une particularité extrêmement inattendue qui m'a longtemps embarrassé et qui cependant s'explique aussi facilement que l'inactivité du carbone, de l'hydrogène et de l'oxygène à l'état de composé indépendant dans le sol; c'est que si vous essayez simultanément l'action de deux engrais, l'un contenant seulement une matière azotée et du phosphate de chaux, de la potasse et de la chaux, l'autre contenant en plus la magnésie, l'oxyde de fer, le chlore, le soufre, etc., dans les deux cas, l'effet sera exactement le même.

Les corps de cette dernière catégorie n'exerceraient-ils donc aucune influence sur la végétation? Bien au contraire,

posés carbonés et hydrogénés ne pourraient être supprimés, parce qu'un champ n'est pas un laboratoire. Du sable pur avec de l'humidité et les sels préparés par M. Ville ne sauraient faire un sol fertile; les pots du laboratoire de M. Ville ne sauraient prouver le contraire. Quant au sol de Vincennes, il n'a pas été soumis à une suffisante inspection avant le commencement des expériences dont il est le théâtre; en outre on y est entouré de sources puissantes d'acide carbonique qu'on ne retrouve pas dans les campagnes, loin des villes.

leur intervention est indispensable ; mais les terres natu-
relles, même les plus médiocres, en étant surabondamment
pourvues, il n'y a pas lieu, dans la pratique, de s'en préoccuper [32].

Nous arrivons donc, prenant toujours l'expérience pour
guide, à cette conclusion générale : qu'au moyen d'une
matière azotée, associée à du phosphate de chaux, à de la
chaux et à de la potasse, on réalise, au point de vue pra-

32. On ne peut admettre cette conclusion. S'il
est vrai que les composés où l'on rencontre, sous
une forme assimilable pour les végétaux, de la
potasse, du phosphate de chaux et des matières
azotées, sont généralement les plus utiles pour
nos sols arables déjà souvent fumés très-abon-
damment, il est vrai aussi que nos terres deviendraient infertiles, au bout d'un temps plus ou
moins long, lorsque peu à peu les récoltes leur
auraient enlevé les autres principes qu'on ne res-
tituerait pas. La pratique qui ne fait pas une
expérience de courte haleine doit donc s'en préoccuper. Elle tient avec raison à ne pas abandonner le fumier qui renferme tous les éléments de
la nutrition des plantes. D'ailleurs depuis longtemps elle a recours aux engrais industriels ou

tique, les conditions par excellence de la fertilité [33], et que toutes les terres auxquelles on applique ce mélange, si peu fertiles qu'elles soient, deviennent capables de produire de magnifiques récoltes [34]. Vous pouvez en juger; car voici les blés qu'on a obtenus à Vincennes avec le secours de ces agents, et voici celui qui est venu sur la terre sans engrais.

aux sels chimiques. Ce sont ces sels qu'on lui propose aujourd'hui d'employer exclusivement; elle ne doit pas suivre un si funeste conseil. Que l'agriculture persévère à employer du fumier d'abord et puis, comme complément, du guano, des tourteaux, des phosphates, etc., ainsi qu'on le faisait avant M. Ville.

33. Si une terre ne contient pas d'humus, elle ne présente pas toutes les conditions par excellence de la fertilité.

34. On n'obtient de magnifiques récoltes dans des terres quelconques qu'après de profonds labours, des amendements bien dirigés, l'incorporation de tous les éléments utiles aux plantes cultivées. Avec une matière azotée associée seulement à du phosphate de chaux, à de la chaux et à de la potasse, on pourrait ne tirer d'une terre que de bien maigres résultats.

Dans le premier cas, le rendement a été de 46 hectolitres à l'hectare, et dans le second de 11 hectolitres seulement[85].

35. Nous ne contestons pas les chiffres des rendements obtenus à Vincennes. Ceux qui sont cités ici sont bien identiques à ceux que nous avons constatés nous-même lorsque, en 1863, sur la demande de M. Ville, nous avons assisté à la moisson et au battage de divers lots de blé obtenus, nous a-t-on affirmé, avec et sans engrais, mais dans un sol labouré à la bêche. Nous persistons seulement à faire nos réserves sur la part que divers soins peuvent avoir eue dans les résultats obtenus. Quel était l'état primitif du sol? N'avait-il pas reçu quelque fumure abondante avec des vidanges de la garnison, comme nous en avons vu appliquer sur plusieurs parties de la ferme impériale de Vincennes avant l'entreprise des essais dont on donne les résultats? Quels labours avaient été effectués par les soldats d'un fort voisin prêtés à l'expérimentateur par l'administration de la guerre avec une grande bienveillance et un empressement dont les amis des sciences voudraient pouvoir se louer souvent? A toutes

Voici encore des cannes à sucre que j'ai obtenues en Égypte, à l'aide des engrais chimiques, dans les propriétés

ces questions, nous n'avons aucune réponse, et il ne peut en être fait aucune qui porte la conviction dans les esprits. Ne se souvient-on pas des sels ammoniacaux qui ont été retrouvés par l'analyse subséquente dans les eaux des appareils où l'on cultivait des plantes soumises à des expériences dans des pots où la végétation ne devait recevoir aucune matière fertilisante et tout emprunter à l'atmosphère? Et depuis lors, n'est-il pas absolument démontré que, contrairement à ce que M. Ville aurait voulu prouver, les plantes ne s'assimilent jamais directement l'azote gazeux de l'atmosphère? Nous ajouterons en outre que maintes fois on a obtenu dans des expériences faites avec diverses matières salines des rendements analogues ou supérieurs à ceux constatés dans les expériences que M. Ville signale avec tant d'orgueil. Ce que nous nions, c'est la continuité des effets des matières salines dans l'absence de toute fumure proprement dite, absence longtemps prolongée. Avant M. Ville, MM. Lawes et Gilbert, en Angleterre,

du prince Halim Pacha. Le rendement a été de 114,000 kilogrammes de cannes effeuillées à l'hectare, alors que la terre naturelle n'a produit, sans engrais, que 71,000 kilogrammes[36].

ont cherché si les mêmes sels pouvaient toujours efficacement agir dans un sol déterminé, et le résultat définitif de l'expérience, c'est qu'on ne peut ainsi maintenir la fertilité des terres.

36. Il manque une chose capitale à toutes les expériences agricoles de M. Ville. Il compare bien deux champs dont l'un a reçu des engrais salins et dont l'autre est resté dans son état naturel, état qu'il ne définit que d'une manière insuffisante; mais jamais il ne compare avec d'autres champs qui auraient reçu les uns du fumier de ferme, les autres à la fois du fumier et en outre quelques-uns des sels signalés. Supposons une forte fumure avec du bon fumier, pour une valeur égale à celle des agents chimiques de M. Ville; supposons les mêmes soins de culture, et demandons-nous si les résultats ne seraient pas peut-être plus beaux que ceux de Vincennes? Il est certain que la réponse de l'expérience serait positive, et il est facile d'en donner la preuve. En

Ainsi nous voilà arrivés à un résultat fondamental, d'où toutes nos conséquences vont se déduire, d'où toute la science agricole [37] va découler : c'est que sur les quatorze

effet, d'une part, M. Pusey a cité dès 1840 une expérience dans laquelle 156 kilogrammes seulement de nitrate de soude avaient porté le rendement d'un hectare 'de blé de 24 à 35 hectolitres (*Journal de la Société royale d'agriculture d'Angleterre*, t. II, p. 120) ; mais M. Pusey s'est bien gardé de dire que désormais il faudrait renoncer au fumier pour employer le nitrate de soude comme engrais exclusif. D'un autre côté, n'avons-nous pas montré dans notre monographie de la ferme de Masny (Nord), que l'on obtenait un produit moyen de 32 hectolitres de blé pour chaque hectare d'une grande ferme, avec une dépense annuelle d'engrais de 177 fr. par hectare ; dans les bonnes années le rendement moyen a dépassé 41 hectolitres par hectare, sur une étendue de 60 hectares en blé ; il s'est élevé à plus de 50 hectolitres pour quelques pièces de terre. (*L'Agriculture du Nord de la France*, t. I.)

37. *Toute la science agricole*, réduite à l'emploi de quatre composés chimiques ! — C'est en vérité

éléments dont les végétaux se composent, quatre seulement sont nécessaires à la fertilisation du sol, les autres se trouvant naturellement, ou dans l'air ou dans la terre [33].

Mais il y a une seconde conclusion pratique non moins intéressante et non moins féconde, sur laquelle il faut

une assertion bien légère que de prétendre vouloir limiter à de tels termes l'explication de la production végétale, dont les mystères sont loin d'être dévoilés. D'ailleurs il est absolument faux que les mêmes agents chimiques se comportent de la même manière dans les sols poreux et les sols compactes, dans les sols sableux et les sols argileux, dans les sols granitiques et les sols crayeux, etc.

38. Non, tous les éléments autres que ceux que M. Ville restitue exclusivement, ne se trouvent naturellement en suffisante quantité ni dans l'air, ni dans toute terre arable, pour l'obtention continue de fortes récoltes. Notre négation, nous le répétons, afin d'éviter toute fausse interprétation, ne signifie pas que nous prétendions sans action utile les différentes matières conseillées par le professeur improvisé de la Sorbonne. Ces matières salines sont utiles; elles produisent,

que j'appelle d'une façon toute particulière votre attention.

Je suppose que vous décomposiez cet engrais formé des
quatre termes; je suppose qu'on emploie isolément,
comme engrais, sur une terre de fertilité moyenne, de la
matière azotée, du phosphate de chaux ou de la potasse;
l'effet en sera très-différent suivant la nature des végé-
tations qu'on y cultivera [39].

La matière azotée produit un grand effet sur les céréales. Le phosphate de chaux, inactif à l'égard du froment,
se montrera très-efficace sur le turneps, le rutabaga et
le maïs ; la potasse, sur les pois ; la potasse associée à la
chaux sur le trèfle [40].

ainsi qu'on le savait avant la venue de la prétendue réforme, des effets souvent considérables;
mais elles ne peuvent suffire seules à la fertilisation du sol.

39. Il y a donc lieu de distinguer et la composition du sol et la nature des plantes à cultiver
pour expliquer l'action des engrais. Le réformateur arrive à réfuter lui-même ses aphorismes.

40. Toutes ces assertions ne sont que d'une vérité
relative. Leur exactitude dépend de la composition même du sol. Ainsi le phosphate de chaux
est, contrairement à ce qu'avance M. Ville, très-

Cette efficacité spécifique est une chose fort curieuse ; je ne puis vous la présenter qu'à titre de fait ; l'explication m'entraînerait trop loin. J'ajouterai cependant que les effets de cet ordre ne se manifestent que dans les sols

actif à l'égard du froment dans les landes de Bretagne nouvellement défrichées ; et ailleurs, au contraire, là où le sol contient du phosphate en quantité suffisante, il ne produit aucun effet ni sur le blé, ni sur les racines, ni sur le maïs. Il faut en outre tenir compte de l'état dans lequel se trouvent les divers éléments utiles aux plantes au moment où celles-ci traversent telle ou telle phase de leur végétation. Et puisque l'on parle ici du trèfle, pour lequel on invoque la nécessité plus particulière de la potasse associée à la chaux, n'y aurait-il pas lieu de tenir compte de l'action du plâtre ? — Quoi qu'il en soit, les efficacités spécifiques des divers agents, *dans des circonstances déterminées*, ont été démontrées pour les plantes ci-dessus désignées et pour d'autres encore, avant que M. Ville s'occupât de ce sujet et donnât aux faits constatés par de nombreux et illustres savants et notamment par M. Boussingault, une interprétation fausse ou exagérée.

d'une fertilité moyenne [41], c'est-à-dire déjà pourvus, dans une certaine mesure, de matière azotée, de phosphate de chaux, de potasse et de chaux ; dans un sol qui serait absolument dépourvu de ces produits, les effets que je rapporte ne se manifesteraient pas. Ce qui nous mène finalement à cette conséquence générale, que si la réunion du phosphate de chaux, de la potasse, de la chaux et d'une matière azotée, réalise la condition par excellence de la fertilité, chacun de ces quatre corps remplit tour à tour

41. Dire d'une terre qu'elle est d'une fertilité moyenne, c'est la qualifier d'une manière tout à fait insuffisante. M. Ville explique, il est vrai, qu'il entend que déjà une telle terre contient de la matière azotée, du phosphate de chaux, de la potasse et de la chaux. Mais comment ces divers principes y sont-ils combinés ! Cette terre renferme-t-elle de l'humus, que M. Ville oublie toujours dans cette conférence donnée néanmoins comme résumant toute la science agricole ? Les divers éléments qui la composent seront-ils influencés par les agents chimiques ajoutés, de manière à bien entretenir la nutrition des plantes, et comment le seront-ils ? Ce sont là les vraies considérations dont on devrait s'occuper.

une fonction subordonnée ou prédominante ; la matière azotée remplit la fonction prédominante à l'égard du froment, du colza, etc. ; à l'égard des turneps et des rutabagas, elle descend au rang d'agent subordonné, et c'est le phosphate de chaux qui devient dans ce cas l'élément dominant par son efficacité[42].

42. Cette théorie de la fonction prédominante d'un agent chimique spécial pour chaque culture n'est pas exacte telle que l'auteur l'expose. Il résulte des expériences faites en Allemagne dans les stations expérimentales agricoles, principalement dans la station de Dahme (province de Brandenbourg), par M. Hellriegel, que dans le sol il doit exister une certaine proportion de chacun des éléments nutritifs de plantes, proportion au-dessous de laquelle telle ou telle production ne se fait pas ou se fait mal, mais que d'un autre côté il est inutile de dépasser. Quand on rend cette proportion plus forte on n'augmente pas le rendement du produit cherché. La proportion à laquelle correspond le maximum de la production qu'on veut obtenir n'est pas la même pour la paille ou pour le grain d'une même plante.

Mais, je le répète, cette prééminence [43] ne se manifeste que dans les terres de fertilité moyenne.

Il suit de ce que je viens de vous dire qu'il est possible d'obtenir une belle succession de récoltes en donnant à la terre, l'un après l'autre, les quatre termes de l'engrais complet. Mais, pour cela, il faut y cultiver successivement les végétaux à l'égard desquels chacun de ces quatre termes possède la prééminence fonctionnelle dont nous parlions tout à l'heure. Au terme de la rotation, la terre a reçu les quatre agents de la fertilité, mais elle les a reçus l'un après l'autre [44].

43. Si cette prééminence ne se manifestait que dans certaines terres, c'est qu'elle n'existerait pas pour les plantes. La vérité est que les engrais sont seulement, comme l'a démontré M. Chevreul, des compléments par rapport aux plantes et aux sols considérés à la fois. Il faut que le sol soit composé d'une certaine manière pour donner le maximum de produit de telle ou telle denrée. Mais le problème n'est pas encore entièrement résolu. Toute la science agricole n'est pas encore faite.

44. Sans aucun doute, on peut obtenir d'une bonne terre une belle succession de récoltes en lui donnant seulement, soit successivement, soit

Deux propositions résument donc les résultats que je viens de vous exposer [45].

1° Quatre corps sont nécessaires pour produire des végétaux ; ils forment les éléments par excellence de la production végétale, la matière première sur laquelle elle opère, la matière première à laquelle il faut que l'agriculteur ait recours pour produire de belles et fructueuses récoltes [46].

en une seule fois, soit même en ne lui donnant pas les quatre agents de M. Ville. Mais dans les trois hypothèses on arrivera, au bout d'un temps plus ou moins long, à transformer cette bonne terre en mauvaise terre, lors même qu'on aurait suivi la rotation qu'il indique. Toute terre a besoin qu'on lui ajoute, au bout d'une série de récoltes, un ensemble de principes plus complexes que ne le dit l'auteur de la conférence de la Sorbonne, qui tire des conclusions par trop prématurées de quelques expériences de laboratoire ou de jardin.

45. Les deux propositions sont fausses, comme les déductions sur lesquelles elles reposent.

46. Il y a plus de quatre corps nécessaires pour produire des végétaux ; ceux désignés par

2° Chacun de ces quatre corps remplit une fonction prédominante à l'égard de certaines cultures, et nous appelons ce corps élément dominant par rapport à la culture sur laquelle il se montre si particulièrement efficace [47].

Dans un instant, vous allez apercevoir les conséquences considérables de ce fait expérimental, dont je pourrais vous rendre témoins au champ d'expériences de Vincennes,

M. Ville sont insuffisants pour produire de belles et fructueuses récoltes avec continuité, même dans un sol préalablement riche. Il y a des terres où les agents de M. Ville se montreront absolument inefficaces; ce sont des terres où il y a assez des quatre corps qu'il conseille, et où, au contraire, il en manque d'autres, de l'humus, par exemple.

47. Aucun corps ne remplit exclusivement une fonction prédominante à l'égard de certaines cultures. La chose vraie c'est que certaines cultures exigent que tel corps soit en plus forte proportion que tel autre. L'absence d'un corps à fonction non prédominante, selon la manière dont M. Ville entend les choses, ou son existence dans un sol, soit en trop faible quantité, soit sous une forme non-assimilable, peuvent empêcher une récolte d'être fructueuse.

où les cultures accusent les contrastes que je viens de
vous signaler [48].

De cet ensemble de faits, il résulte que les éléments
premiers de la production végétale sont connus, que le
degré d'importance de chacun de ces éléments est lui-
même connu et déterminé [49].

Il est bon d'ajouter, et je ne saurais trop insister sur
ce point, que l'expérience des agriculteurs et les procédés

48. Le champ d'expériences de Vincennes que
nous avons visité ne démontre pas la généralité
des principes auxquels M. Ville prétend ramener
la science de la production végétale. Il démontre
seulement un cas particulier. Ailleurs, dans un
sol argileux et compacte, par exemple, les choses
se passeraient tout autrement que dans le sol
graveleux de la plaine de Vincennes.

49. La science n'en est pas encore arrivée à une
connaissance si complète; il reste beaucoup de recherches de la plus grande importance à entre-
prendre; par exemple, on ne sait pas encore bien
sous quelle forme plus assimilable par les plantes, il convient de donner, pour chaque sol particulier, les éléments qui y manquent, en vue de la
production végétale à obtenir.

consacrés par l'usage confirment pleinement les propositions que je viens de vous exposer [50].

En effet, le fumier de ferme a été considéré de tout
temps comme le seul agent de fertilité vraiment efficace,
comme le symbole, la source de toute production en agriculture [51].

50. L'expérience agricole et les procédés consacrés par l'usage ne confirment pas les propositions de M. Ville, ainsi que cela va être démontré.

51. Le fumier de ferme n'a jamais été considéré comme le seul agent de fertilisation vraiment
efficace. Les agriculteurs ont reconnu depuis
longtemps qu'il fallait souvent, très-souvent,
employer d'autres agents de fertilisation : ici, la
marne; là, le plâtre; ailleurs, la chaux ou le
phosphate de chaux, ou des cendres contenant de
la potasse, etc. Seulement, les agriculteurs ont
toujours dit et ils maintiennent que le fumier de
ferme contient ordinairement un ensemble de
principes fertilisants plus complet qu'aucun autre
engrais, et qu'il fournit cet ensemble à un prix
plus économique que les engrais industriels, qui
ne doivent être considérés que comme des adjuvants, des compléments apportant tel ou tel agent

Analysons donc le fumier de ferme : nous y trouvons, à côté de beaucoup d'autres corps reconnus inutiles [52], de la matière azotée, du phosphate de chaux, de la potasse et de la chaux, c'est-à-dire les quatre corps dont l'emploi

qui n'existe pas dans une terre déterminée en assez grande quantité en raison de la récolte que l'on veut demander à un champ.

52. Mais il n'y a que M. Ville pour taxer tout d'un coup d'inutiles les principes du fumier autres que la matière azotée, le phosphate de chaux, la potasse et la chaux ; il est certain que l'humus joue un rôle considérable ; il est certain aussi que, dans beaucoup de sols, notamment dans les sols compactes, on n'aurait aucune récolte si la paille des fumiers n'intervenait pas, etc., etc. Mais M. Ville lui-même doit se tenir prêt à se rétracter ; n'a-t-il pas supposé qu'il avait à faire à un sol d'une fertilité moyenne? Comment a-t-on fait pour amener une terre à un tel état ; n'est-ce pas par le fumier? Dès que ses quatre corps *régulateurs* ne seront plus efficaces, M. Ville dira que le sol n'a plus le degré de fertilité moyenne nécessaire. Mais alors que conseillera-t-il? Toute sa science agricole sera épuisée.

direct a déterminé les effets que je viens de décrire et les résultats que vous avez sous les yeux [53].

Mais allons plus loin.

S'il est vrai que ces quatre corps sont, en effet, les régulateurs de la production végétale, et qu'entre le rendement d'une récolte et la quantité de ces quatre corps qu'on a employée il y a une corrélation, l'expérience des agriculteurs doit nous fournir encore les moyens de justifier cette corrélation, de montrer sa justesse et sa vérité. Vous savez tous qu'on appelle, en culture, système triennal l'assolement dans lequel on laisse la terre une année en jachère, pour la cultiver ensuite deux années consécutives en céréales [54].

Or, en prenant toujours l'expérience pour guide et pour loi, demandons-nous quelle est la quantité de fumier que

53. M. Boussingault, avant M. Ville, avait représenté les effets produits par ces divers agents, en se servant de portraits des plantes, qui analysaient, en quelque sorte, chaque influence spéciale ; mais il n'a pas commis la faute de résumer toute la science agricole dans une fausse formule chimique.

54. L'assolement triennal est condamné par tous les agronomes comme le plus mauvais. Partout où il y a progrès agricole, il disparaît. On

la pratique a reconnue nécessaire pour entretenir la fertilité du sol soumis à ce régime ; analysons le fumier,
analysons la récolte et voyons si, entre les deux analyses,
nous découvrirons une sorte de balance.

Eh bien, l'expérience des agriculteurs atteste que, pour
conserver à la terre sa fertilité, il faut tous les trois ans
lui rendre environ 20,000 kilogrammes de fumier de
ferme [55].

ne saurait le prendre comme moyen de rien vérifier d'exact et de bon, puisqu'on le trouve rui-
neux ou misérable, puisqu'on le change dès que
l'on acquiert un peu d'instruction.

[55]. Cette assertion est vraiment incroyable. Il
est démontré qu'avec 20,000 kilogrammes de fumier tous les trois ans, dans l'assolement triennal où, après une jachère fumée, on prend deux
récoltes successives de céréales, il y a épuisement du sol et non pas entretien de la fertilité.
Voici notamment ce que dit M. Boussingault, *Économie rurale*, t. II, p. 181 : « Cette culture n'est
pas avantageuse. La matière organique des récoltes n'excède que de très-peu la matière organique des engrais. En supposant même que la
totalité de la paille soit transformée en fumier.

12.

Ce fumier contient 83 kilogrammes d'azote et dans les deux récoltes de céréales nous en trouvons 85 kilo-

on doit se trouver, comme on se trouve en effet, dans la nécessité de tirer des engrais du dehors, pour compenser l'épuisement que doit occasionner l'exportation du froment. On aperçoit pourquoi l'assolement triennal exige toujours qu'une fraction très-forte du domaine soit en prairies. » Ainsi l'assolement triennal ne peut pas être cité comme un moyen d'entretien de fertilité d'un domaine agricole ; c'est un système épuisant qui ne se soutient que là où il y a des prairies irriguées ou souterrainement ou superficiellement, ou bien encore où des terres voisines sont soumises à la vaine pâture. Dans les deux cas, il y a sur les terres en culture importation d'engrais venant du dehors. C'est un principe absolu qu'il existe toujours une corrélation entre la quantité d'engrais qu'on doit employer et les récoltes qu'on tire d'une terre. Plus on récolte, plus on emploie d'engrais. Dans l'assolement triennal, en parlant d'une moyenne, si l'on veut maintenir la fertilité des terres en culture, on

grammes [56]. — Dans le fumier, on trouve 39 kilog. d'acide phosphorique à l'état de phosphate de chaux et 38 kilog.

doit affirmer que 10,000 kil. de fumier sont nécessaires par hectare et par an. Si l'on fume tous les trois ans, on doit donc répandre en moyenne non pas 20,000 kilog., mais bien 30,000 kilog. de fumier de ferme de composition moyenne. Ce fumier proviendra en partie de la prairie naturelle ou d'autres sources d'engrais; la prairie elle-même devra recevoir de l'engrais directement ou indirectement. Sans une importation sur l'ensemble de tout le domaine, on arrive à l'épuisement parce qu'il faut remplacer les matières exportées sous forme de grain, de viande ou de toute autre denrée agricole de vente, si cette denrée n'est pas seulement formée de carbone, d'hydrogène et d'oxygène comme l'alcool, le sucre, l'huile. Partout où l'assolement triennal réussit, les cultivateurs ont soin d'importer des engrais. Ce n'est donc pas le domaine qui se suffit à lui-même, comme le dit M. Ville.

56. Mais tous ces calculs sont erronés! Ainsi 1,000 kilog. de fumier contiennent en moyenne

dans les récoltes[57]. Enfin, dans le fumier on trouve 102 kilog. de chaux, alors que dans les récoltes il n'y a que 55 kilog. de potasse et 23 kilog, de chaux [58].

Il résulte donc de cette comparaison que les quatre corps que nous avons appelés les agents actifs et régulateurs de la production végétale, remplissent bien cette fonction importante, puisque, pour deux d'entre eux, on retrouve dans la récolte juste ce que l'engrais en contenait lui-même [59], et qu'à l'égard des deux autres il y a un

6 kil. d'azote (voir *Economie rurale*, de M. Boussingault, t. II, p. 87, et tous les autres auteurs); par conséquent 20,000 kilog. en contiendraient 120 kilog. et non pas 83.

57. Chiffre également inexact, si l'on parle d'une moyenne. En effet, 1,000 kilog. de fumier moyen renferment 4.82 d'acide phosphorique; par conséquent dans 20,000 kilog. de fumier, il y a 96 kilog. d'acide phosphorique et non pas 39.

58. Ces chiffres seuls sont à peu près exacts dans tout le raisonnement de M. Ville, qui n'a pas fait attention qu'il devait prendre des compositions moyennes pour une démonstration générale telle que celle qu'il avait en vue.

59. Les rectifications à faire démontrent que

excès dans l'engrais. La terre reçoit dans ce système plus qu'elle ne perd, et ainsi s'explique la possibilité de renouveler indéfiniment les récoltes, sans l'épuiser jamais, si on a soin de renouveler en même temps les fumures [60].

Ainsi les résultats auxquels la science nous a conduits,

cette conclusion est erronée. Il n'y a pas balance entre les éléments des engrais et ceux des récoltes dans l'assolement triennal où la prairie ne reçoit pas elle-même des engrais venus du dehors. La balance existe seulement là où on réimporte en proportion de l'exportation. Quand nous disons balance, nous voulons exprimer le maintien de la fertilité. Dans tous les domaines où règne encore l'assolement triennal, on constate une diminution lente mais progressive des rendements.

60. L'assolement triennal est épuisant en raison de l'exportation du froment. Il exige pour se maintenir qu'une fraction très-forte du domaine agricole soit en prairies, pour fournir aux terres arables des engrais en suffisante quantité, à moins qu'on y fasse usage d'engrais du commerce. Quand cette dernière condition n'est pas remplie, et c'est le cas général, l'assolement triennal ruine un pays, et c'est pour cela qu'on y renonce

les résultats déduits de nos analyses, la pratique les confirme, et cette confirmation a une signification d'autant plus concluante que le rapport du fumier au rendement a été établi par tâtonnements, lorsqu'on n'avait aucune idée ni de la composition, ni de la fonction des éléments qui en font partie [61].

Et maintenant, messieurs, arrivons à la pratique.

D'après ce qui précède, il doit être possible de sub-

dans toutes les contrées où l'agriculture progresse. M. Boussingault l'a très-bien fait voir en examinant un cas particulier, auquel M. Ville n'a rien compris, puisqu'il fait dire aux chiffres de notre illustre maître, le contraire de la conclusion tirée par l'auteur. M. Boussingault a constaté qu'avec une fumure de 20,000 kilogr. de fumier, on n'entretient pas la fertilité; M. Ville affirme le contraire. Il a mal utilisé les chiffres dont il s'est servi en oubliant d'ailleurs de citer la source où il les empruntait.

61. Avant M. Ville on savait la composition des récoltes et celle des engrais; avant lui on connaissait la fonction des éléments divers du fumier : acide phosphorique, matières azotées, potasse, etc. C'est lui qui, dans toute cette confé-

stituer au fumier de ferme un mélange de matière azotée, de phosphate de chaux, de potasse et de chaux, car en réalité ces quatre corps sont au fumier de ferme ce que la quinquine est au quinquina, ce que la morphine est à l'opium, c'est-à-dire la condition essentielle de son activité[62].

Comment faut-il s'y prendre pour employer ces corps avec le plus d'avantages ?

Lorsque j'ai tenté mes premières expériences en grand, je suis parti de ce raisonnement infiniment simple : donner à la terre les quatre corps dont l'efficacité a été reconnue certaine, les lui fournir à haute dose et cultiver jusqu'à épuisement[63].

rence, parce qu'il a pour but de préconiser un engrais spécial à l'exclusion des autres, méconnaît la fonction essentielle de l'humus.

62. La comparaison est fausse. On ne pourra pas se borner à substituer à du fumier des composés salins pour maintenir la fertilité d'une terre arable, tandis qu'on peut substituer du sulfate de quinine au quinquina pour guérir une fièvre. Les quatre composés salins de M. Ville sont seulement bons, parmi beaucoup d'autres, pour joindre au fumier et le compléter suivant les circonstances.

63. Toute terre n'a pas également besoin des

C'était le seul moyen de connaître avec certitude la durée de l'action de l'engrais et, par conséquent, le prix de revient de la récolte. Pour simplifier ma démonstration, je prendrai le blé pour exemple et pour base de ces calculs.

Après beaucoup de tâtonnements et d'incertitude sur la dose la plus convenable, je me suis arrêté à la suivante, que je rapporte à l'hectare.

Phosphate acide de			fr.
chaux.	400 kil. à 15 fr.		60.00
Potasse épurée	300	75	225.00
Chaux.	200	pour mémoire	
Sel ammoniac (azote).	650	35.	227.50
Total.			512.50

La première année on donne à la terre la totalité du phosphate de chaux, de la potasse et de la chaux, et seulement le tiers du sulfate d'ammoniaque, c'est-à-dire 400 kilog. ; le reste, c'est-à-dire 250 kilog., étant réservé pour la troisième année de culture [64].

quatre corps auxquels M. Ville limite à tort toute la pratique agricole.

64. M. Ville, et le seul chimiste qui le soutienne en nous attaquant à chaque instant pour le mieux défendre, aiment à renvoyer aux six conférences agricoles professées au champ d'expériences de Vincennes, lorsqu'on fait une objection au texte de

Eh bien, avec une dépense de 512 fr. pour quatre années, ce qui porte le prix de la fumure annuelle à 128 fr.,

la fameuse conférence de la Sorbonne que nous
critiquons. « Tout n'a pas été dit dans la chaire
de la Sorbonne, affirment-ils. Voyez pour compléter les idées du réformateur de l'agriculture,
telle ou telle conférence de Vincennes (et on met
un numéro sauf à citer un texte qui n'était pas
encore publié). » — Or si l'on consulte la troisième conférence de Vincennes, parue en 1866
seulement, après les quatrième et cinquième pa-
rues en 1865, on y lit (p. 160) que l'engrais complet doit être composé de « phosphate de chaux,
potasse, chaux, magnésie, matière azotée. » —
Cependant, tout d'un coup, sans aucune explication, on fait disparaître la magnésie de la scène;
elle cesse de faire partie de l'engrais complet. Or
la magnésie n'est-elle donc plus indispensable ?
Pas le moins du monde. — Se trouve-t-elle dans
tous les sols ? pas davantage.— Pourquoi s'éclipse-
t-elle ? Est-ce parce qu'on n'est pas parvenu à
s'entendre avec les fabricants des sels magnésiens
à bas prix. Tout le fait croire. La science n'a rien

13

on obtient en moyenne 35 hectolitres de froment à l'hectare et 5,000 kilogrammes de paille [65]. J'ajoute que ce

à voir dans de telles combinaisons industrielles, si ce n'est pour protester contre l'abus qu'on en fait. — Venir soutenir (6ᵉ conférence de Vincennes, p. 354) que l'exportation de la soude, de la magnésie, de l'acide sulfurique, du chlore, de l'oxyde de fer, de la silice n'appauvrit jamais le sol arable qui ne pourrait être épuisé que « par l'exportation de l'azote, de l'acide phosphorique, de la potasse et de la chaux », c'est prétendre l'absurde. — « Puiser dans l'air le plus possible pour enrichir le sol, voilà toute la science de l'art agricole, » dit cependant plus loin M. Ville, dont la doctrine n'est qu'erreurs et contradictions.

65. Mais sans dépenser davantage pour le prix de leurs fumures, un grand nombre d'agriculteurs obtiennent souvent des rendements supérieurs à ceux que M. Ville obtient à Vincennes. Une dépense de 128 fr. pour fumure annuelle correspond à plus de 20,000 kilog. de fumier de ferme par hectare et par an, le fumier étant porté en général dans les comptabilités agricoles

résultat est plutôt au-dessous qu'au-dessus de la vérité [66].

Dans ces conditions, le blé revient donc de 9 à 10 fr. l'hectolitre [67].

à 6 fr. les 1,000 kilog. Dans le nord le fumier revient à un peu plus de 6 fr., à 7 fr. environ. Supposons que le prix de revient du fumier soit même 12 fr., nous aurons encore plus de 10,000 kilog. par hectare et par an. Avec de telles dépenses de fumier, les agriculteurs du Nord arrivent parfois à des rendements de 40 à 50 hectolitres par hectare. M. Ville n'apporte donc pas une nouveauté. Il est au moins aussi économique d'employer du fumier de ferme que son mélange salin, d'autant plus que le prix du mélange salin s'élèverait certainement beaucoup si son usage devenait général.

66. A Vincennes, le rendement moyen de M. Ville, pour 4 ans, n'a été que de 31 hectolitres (voir sa 6ᵉ conférence, p. 354). Le rendement qu'il a cité à la Sorbonne est au-dessus de la vérité.

67. Il est impossible d'admettre cette conclusion. Le moyen prix de revient ne descend pas

Pour établir ce prix de revient, j'ai pris comme frais généraux ceux de Mathieu de Dombasle, que j'ai augmentés de 30 pour 100 et dont voici au surplus le décompte [68].

	fr.
Loyer	60
Frais généraux	72
— de culture	63
Semences	46
Récolte, battage	71
Fumure [69]	128
Total	440

à 10 fr. par cela seul que le rendement s'élève à plus de 30 hectolitres. Toutes les comptabilités sérieuses le prouvent.

68. Nous avons déjà dit qu'il était impossible d'invoquer aujourd'hui les comptes de Mathieu de Dombasle, comme pouvant s'appliquer à l'époque actuelle, et nous avons prouvé d'ailleurs (p. 169, note 9) que M. Ville n'a pas été exact dans sa citation. Le loyer d'une terre produisant 30 hectolitres s'élève par exemple tout au moins à 110 fr.; les frais généraux s'accroissent dans une proportion analogue. Bref, le prix de revient ne descend guère *en moyenne,* bonnes et mauvaises années compensées, au-dessous de 16 à 17 fr.

69. M. Ville a placé ici la note suivante pour

Or, si de 440 francs on retranche 103 francs, prix de la

essayer de démontrer que la fumure avec les engrais chimiques serait économique.

« On peut remplacer le sel ammoniac par le nitrate de soude. Ce sel coûte de 35 à 40 fr. les 100 kilogrammes et contient 15 à 16 pour 100 d'azote, alors que le sulfate d'ammoniaque ne coûte que 35 fr. les 100 kilogrammes et contient 22 pour 100 d'azote. L'emploi du nitrate de soude, à égalité d'azote, élève en conséquence le prix de revient annuel de la fumure de 128 à 150 fr. Cette substitution est néanmoins avantageuse pour certaines cultures, notamment la betterave. Voyez, dans mes conférences faites au champ d'expériences de Vincennes, comment il faut procéder à la préparation et à l'épandage des engrais chimiques (V^e conférence). »

Nous avons lu attentivement la cinquième conférence à laquelle renvoie M. Ville, et nous n'y avons pas rencontré une bonne description de son mode de préparation des engrais chimiqnes. Mais nous nous souvenons que, lors de notre visite à Vincennes en 1863, M. Ville nous a dit qu'il préparait son phosphate de chaux en précipitant du chlorure de calcium par du phosphate de soude, et qu'il répandait sa potasse à l'état d'un silicate double obtenu chez M. Kuhlmann, de Lille, par la fusion de divers minéraux

paille, la dépense descend à 337 francs, qui, répartis

à la température rouge. En fait, les engrais des champs de Vincennes ont coûté et continueront à coûter beaucoup plus cher que ne le dit M. Ville. Le seul passage où, dans ses diverses publications, il donne quelques détails relativement à la préparation de son engrais est celui-ci (5e conférence de Vincennes, p. 319) : « Toutes les substances qui ont fait le sujet de cette conférence (matière azotée, potasse, chaux, phosphate de chaux) étant réduites en poudre, on verse sur le phosphate de chaux 50 pour 100 de son poids d'acide sulfurique; on abandonne le mélange à lui-même pendant 24 ou 48 heures; puis on y ajoute la potasse raffinée, l'hydrate de chaux et en dernier lieu le nitrate de soude. A la rigueur on peut supprimer le traitement du phosphate par l'acide sulfurique, et notamment lorsqu'on emploie du noir animal; mais pour peu que le phosphate soit compact, le traitement par l'acide sulfurique est de rigueur. » Or, ce procédé de préparation n'est pas autre chose que celui usité dans les usines où, dans la Grande-Bretagne,

entre 35 hectolitres, nous donnent 9.47, soit, en chiffre rond, 10 francs l'hectolitre [70].

on fabrique les superphosphates, sauf que les fabricants anglais ont en général soin d'ajouter au mélange une matière animale. A cet égard M. Ville n'a rien appris de nouveau à personne ; il a cherché seulement à propager cette erreur qu'on pourrait supprimer le fumier dans l'agriculture.

70. Tous ces chiffres doivent être changés. Même en ne portant le coût de la fumure qu'à 128 fr. par hectare, comme les frais généraux et autres sont plus considérables que ceux supposés par M. Ville, le prix de revient moyen reste de 16 à 17 fr., même là où l'on récolte ordinairement de 30 à 35 hectolitres de blé. C'est une erreur de croire que les dépenses par hectare pourraient être maintenues à 440 fr. lorsqu'on y obtiendrait de tels rendements. Il suffira de remarquer pour le prouver que le loyer du sol ne resterait pas à 60 fr., mais s'élèverait certainement beaucoup au delà de 100, ainsi que nous l'avons déjà dit dans la note 68. Partout le fermage augmente

Dans ces conditions, l'agriculteur n'a plus à s'inquiéter, ni à craindre l'importation des blés étrangers.

On a parlé des blés d'Odessa et de ceux d'Égypte. Les blés d'Odessa rendus à Marseille reviennent à 17 francs l'hectolitre : ce n'est donc pas de ce côté que peut venir le danger. Quant à l'Égypte, j'en puis parler en pleine connaissance de cause, car j'y ai institué depuis deux ans des cultures suivies de blé, d'orge et de canne à sucre. Or je puis vous affirmer que, sous le rapport du blé, l'Égypte n'est pas à redouter.

En Égypte, en effet, le blé ne peut pas être vendu à moins de 10 à 12 fr. l'hectolitre. Pour arriver à Marseille, ce blé doit supporter en frais divers une surélévation d'à peu près 3 ou 4 francs par hectolitre; ajoutons qu'il n'a pas la même qualité que les nôtres, qu'il est toujours coté

quand la fertilité de la terre s'accroît. En outre, l'auteur de la conférence de la Sorbonne paraît ignorer que les forts rendements ne sont pas produits par les engrais seuls, qu'il faut encore que les engrais plus abondamment employés soient répartis dans une couche arable plus épaisse, afin que les racines des plantes prennent un plus grand développement. Or l'approfondissement du labour exige des frais de culture plus considérables.

2 francs au-dessous du cours des blés de pays; il n'y a donc aucun danger qui nous menace de ce côté.

Vous voyez que tout le secret des prix de revient réduits dépend de l'emploi de fumures très-énergiques, car alors le rendement augmente dans une proportion considérable, et les frais généraux restent les mêmes[71].

71. Il est incontestable que les prix de revient diminuent quand les rendements augmentent; seulement cette diminution ne se produit pas dans la proportion que suppose l'auteur de la conférence, attendu que la rente du sol payée au propriétaire, les frais de culture, les frais de moisson s'élèvent à mesure que la récolte devient plus belle, que la terre est plus riche. D'autre part, si le secret des prix de revient réduits dépend de l'augmentation des récoltes obtenues non-seulement par des fumures plus abondantes, mais encore par des labours plus profonds et mieux combinés, il y a aussi le prix de vente qui s'abaisse quand le rendement devient plus fort, si la consommation ne s'accroît pas. Il y a ici en jeu une foule de causes qui agissent en sens contraire et d'une manière compliquée, ce dont ne paraît pas se douter M. Ville.

Les résultats que je viens de vous faire connaître sont déduits de mes expériences personnelles à Vincennes; mais je m'empresse d'ajouter qu'aujourd'hui je ne suis plus seul à expérimenter : des applications de la nouvelle méthode se poursuivent en ce moment sur 15 ou 20 points différents. La plupart des résultats qu'ils ont produits sont au-dessus de la moyenne que j'ai rapportée[72]. Je n'entrerai

72. Les résultats publiés par les agriculteurs qui ont essayé les engrais de M. Ville ne prouvent pas plus la bonté du système que les expériences de Vincennes elles-mêmes. Les bons résultats obtenus en Égypte, dans les colonies françaises, dans quelques fermes du nord, du centre ou du midi, consistent dans de forts rendements produits tout d'un coup; mais nulle part on n'a fait des cultures bien comparatives, c'est-à-dire simultanées et sur des terres identiques, les unes ayant reçu du fumier, les autres des engrais chimiques, les autres n'ayant reçu aucune fumure. Quand on ajoute des engrais chimiques à une terre antérieurement fumée, on lui fait produire tout d'un coup de très-fortes récoltes, des récoltes même souvent plus considérables que par une nouvelle addition de fumier ordinaire.

pas dans plus de détails sur ce point, parce qu'ils m'entraîneraient trop loin.

Mais, me direz-vous, le procédé que vous venez de décrire est-il le meilleur, le plus économique, celui auquel
il faut recourir de préférence? Car enfin, l'avance d'une
somme de 400 à 500 francs est chose considérable[73]. L'an-

Mais cela est obtenu aux dépens de la fertilité
de la terre qu'on va dépenser rapidement et que
le système de M. Ville ne saurait restaurer. Si
l'on calcule, en effet, ce que la fumure Ville
apporte et ce que les récoltes produites enlèvent,
on trouve un excès considérable de matières azotées, de potasse et d'autres éléments encore, dans
les produits. La terre s'appauvrira évidemment
de tout cet excès que l'engrais n'aura pas resti-
tué. La végétation ne crée pas, elle puise seulement dans le sol. Dès que la formule de M. Ville
ne rend pas aux champs une quantité d'éléments
égale ou moins à celle enlevée par les récoltes,
elle ruine, elle ne fertilise pas.

73. En faisant une pareille avance d'argent
en simple fumier de ferme, on obtient, nous ne
saurions trop le répéter, des effets bien supérieurs à ceux indiqués par l'auteur de la confé-

née où l'on fait cette avance peut être défavorable sous le rapport météorologique, la récolte peut manquer ; et puis certains de ces agents sont solubles, les eaux pluviales doivent en entraîner une partie, ce qui occasionne une perte dont il y a lieu de se préoccuper.

Vous l'avez déjà pressenti, messieurs, l'emploi des engrais chimiques ne se borne pas au mode que je viens de vous faire connaître ; ces agents se prêtent à toutes les combinaisons possibles. Je viens de vous indiquer la plus simple, celle à laquelle j'ai eu recours lorsque j'ai commencé mes expériences. — Mais voici les modifications qu'on peut y apporter et les avantages qui en résultent.

rence. Le fumier répandu en effet à des doses correspondantes à une dépense de 400 à 500 fr. par hectare apporte au sol beaucoup plus d'éléments indispensables à la végétation que ne le fait la formule chimique de M. Ville. Avec du fumier auquel on joint, suivant les cultures, des engrais industriels complémentaires de composition convenable, on peut économiquement augmenter la fertilité d'un domaine, tandis que, avec le système cultural préconisé par l'auteur de la conférence de la Sorbonne, on mènerait ce domaine à une ruine inévitable.

Concevez, en effet, une terre de fertilité moyenne[74], pourvue par conséquent, dans une certaine mesure, des quatre termes de l'engrais complet, dont la fonction se trouve maintenant rigoureusement définie. Au lieu de ne cultiver cette terre qu'en froment, ce qui est toujours un désavantage, prenez le parti de varier vos cultures; ce simple changement vous permettra de diminuer la dépense dans une proportion importante[75].

J'ai dit que chacun des quatre agents devenait l'élément prédominant de l'engrais, et que l'emploi isolé de ce terme prédominant suffisait aux besoins d'une bonne récolte[76].

74. M. Ville a bien compris que pour avoir de fortes récoltes momentanées avec les engrais chimiques, il faut agir sur une terre déjà fertile. L'illusion se produit alors, mais elle ne sera pas de longue durée. La fertilité du point de départ aura bien vite disparu.

75. Mais quel est donc le cultivateur qui ne sait pas aujourd'hui qu'il faut varier les cultures? C'est ce que l'on fait de plus en plus habituellement avec les fumures au fumier de ferme. Pourquoi donner comme chose nouvelle ce que l'on pratique partout?

76. Toujours dans l'hypothèse d'une terre de fertilité moyenne!! Mais comment arriver à ce

Supposons donc un assolement qui s'ouvre, comme on a coutume de le faire en Angleterre, par une culture de rutabagas ou de turneps. Après ce que nous avons dit de la dominante de cette culture, vous savez qu'il suffira d'employer une fumure de phosphate acide de chaux, pour obtenir d'excellents résultats, ce qui réduit la dépense à 60 fr. [77].

L'année suivante nous mettrons la terre en froment, et nous fumerons avec de la matière azotée. La première année, la terre aura reçu du phosphate de chaux; la seconde année, elle aura reçu de la matière azotée. La troisième année, devant cultiver du trèfle, nous emploierons comme engrais un mélange de potasse et de chaux. La quatrième année, nous produirons encore du froment, mais sans aucune fumure, la richesse acquise par le sol pouvant suffire amplement aux besoins de cette quatrième récolte [78].

terme magique qui permettrait d'agir éternellement avec les engrais chimiques, sans courir le risque d'épuiser le sol?

[77]. Les Anglais emploient depuis longues années le phosphate acide de chaux pour la culture des turneps. Il n'y a pas lieu ici à brevet d'invention pour M. Ville.

[78]. C'est ce que l'on sait faire dans toutes nos fermes et métairies, où l'on obtient du froment

De cette manière, au lieu de recourir du premier coup à la fumure complète et d'avancer à la terre 400 ou 500 fr. nous aurons recours à trois fumures partielles et alter-nantes, réglant la nature de chacune sur son efficacité spécifique, et répartissant ainsi la dépense sur une période de quatre années.

C'est à vous de choisir entre ces deux modes, suivant les conditions dans lesquelles vous vous trouverez placé. Au fond, les deux procédés sont les mêmes, ils conduisent au même résultat; mais le système des fumures alternantes est plus économique et peut-être plus avantageux sous le rapport du rendement [79].

avec l'excédant d'engrais laissé dans la terre par les récoltes antérieures. Le fumier employé par doses successives apporte tous les éléments indi-qués par l'auteur, et d'autres éléments encore; il les apporte en plus grande quantité, pour une même somme d'argent. Que l'on indique aux agriculteurs les moyens d'augmenter la masse de leurs fumiers, que ce soit à cette œuvre qu'on applique les engrais industriels, mais que l'on ne dise pas qu'on peut se passer de fumier de ferme.

79. Tous les agriculteurs savent qu'il vaut mieux, dans certains cas, mettre moins d'engrais à la fois et y revenir plus souvent. Cela dépend

Quelle est néanmoins la conclusion générale qui résulte des notions que je viens d'avoir l'honneur de vous présenter? C'est que désormais les agriculteurs ne sont plus soumis à la nécessité de produire eux-mêmes leur fumier. Nous nous ferons producteurs de fumier si nous y trouvons notre avantage; mais, si nous trouvons plus profitable de recourir aux éléments premiers de la fertilité, rien ne nous en empêche; nous avons le choix entre les deux systèmes.

Si, maintenant, messieurs, vous voulez réfléchir un moment à la situation de l'agriculture française, vous reconnaîtrez sans peine que ces procédés arrivent à point nommé pour lui fournir la solution dont elle a tant besoin, pour lui donner les moyens de sortir de l'état précaire dans lequel elle se trouve et qui ira s'aggravant chaque année, si elle n'entre pas dans la voie que nous lui indiquons[80].

de la nature des terres, ce que M. Ville a l'air d'ignorer. En outre, que les agriculteurs sachent bien que dans l'assolement quadriennal proposé par le prétendu réformateur, la formule chimique, en admettant les rendements de son inventeur, laissera dans le sol un déficit de près de 300 kilogr. d'azote et d'environ autant de potasse.

80. Non, l'agriculture ne doit pas suivre la

L'agriculture intensive, c'est-à-dire l'agriculture qui emploie les engrais à haute dose, est la seule qui donne de grands profits. Et cela se comprend, je vous l'ai déjà dit ; car, à part les frais de battage et de transport, qui dépendent de l'abondance des récoltes, les autres ne changent pas[81]. L'engrais est la matière première sur laquelle la végétation opère ; en forçant la dose, on élève immédiatement le rendement plus sûrement et plus économiquement que par tout autre procédé.

Quant à la petite culture qui possède deux, trois hectares, elle ne peut, dans les conditions où elle est placée, faire ni engrais, ni prairies, ni acheter des animaux ; elle est condamnée à mal fumer ; elle épuise fatalement le sol ; elle produit à des prix trop élevés pour pouvoir sou-

voie que vous lui indiquez. Ce serait sa ruine. Il n'y a de vrai dans tout ce que vous dites que ce qui est connu depuis longtemps. Ce qui vous appartient dans votre exposé est erroné d'un bout à l'autre et constitue un leurre pour le cultivateur.

81. Est-ce que les propriétaires n'augmentent pas les prix des baux, lorsque les terres deviennent plus fertiles et, par suite, acquièrent une plus grande valeur ? Est-ce que la rente du sol et la rente du capital d'exploitation, lorsque celui-ci augmente, restent fixes ?

tenir la libre concurrence[82]. Que peut donc faire la petite culture? Il faut, de toute nécessité, qu'elle entre dans la voie que la science ouvre devant elle, et au terme de laquelle le résultat est certain. Avec 100 fr. d'engrais, on produit un excédant de récolte de 200' à 300 fr.[83]. L'hé-

82. Allez donc voir si, en Alsace ou en Flandre, par exemple, la petite culture fume mal et si elle n'a pas de forts rendements. Les cultivateurs petits et grands apprennent aujourd'hui à faire du fumier ou à se procurer des engrais industriels ou autres. Fournissez-en à bon compte, vous ferez chose utile; mais ne dites pas qu'il y a un engrais spécial composé de quatre corps seulement, pouvant servir de panacée universelle.

83. Mais cela est complétement erroné. Les capitaux placés en engrais ne rapportent pas 100 ou 200 p. 100, mais seulement de 10 à 15 p. 100, ce qui est déjà très-remarquable. Si vous pouvez, grâce à l'emploi d'un agent particulier, tirer tout d'un coup du sol un rendement de récolte de 200 à 300 fr., cela ne veut pas dire que vous aurez fait un gain réel; au bout d'un peti nombre d'années, votre terre sera épuisée. Vous serez alors obligé de lui rendre ce que vous lui

sitation n'est donc pas permise, rien ne saurait la justifier.

A cela, en effet, il n'y a pas d'objection possible; c'est
un fait pratique[84].

Je le répète donc, la petite culture n'a qu'un moyen de
sortir de la situation précaire où elle est, c'est de fumer à
haute dose et de recourir pour cela aux engrais chimiques[85].

Il me serait facile, et cela par un calcul très-simple, de
vous montrer que si l'on portait le rendement moyen du
blé de 14 à 30 hectolitres, le résultat économique pren-
drait pour la fortune publique des proportions devant lesquelles l'imagination n'ose s'arrêter[86].

aurez soustrait par l'emploi d'un procédé falla-
cieux.

84. Ce n'est pas un fait du tout. Nous vous
défions de citer une ferme où cela ait été observé.

85. Il ne faut pas repousser l'emploi des engrais chimiques, mais on doit les regarder seulement comme des adjuvants. C'est à ce titre que
nous les recommandons depuis longues années.
Nous nous élevons seulement contre la prétention
que manifeste l'inventeur d'un de ces engrais
de pouvoir cultiver une terre sans jamais recourir à du fumier de ferme.

86. Sans doute, le résultat serait considérable

Ce qu'il y a de bien sûr, c'est que le jour où l'on entrera dans la voie dont il s'agit, le jour où ces procédés deviendront usuels, familiers aux agriculteurs [87], il suffira de cultiver en blé de 4 à 5 millions d'hectares, non-seulement pour suffire aux besoins de notre consommation, mais encore pour alimenter une exportation régulière de 10 à 15 millions d'hectolitres. Quant au placement de cet excédant de récolte, n'en ayez nul souci : l'Angleterre l'achètera ; car il lui faut de 25 à 30 millions d'hectolitres de grains par an [88].

pour la fortune publique, mais il ne peut pas être obtenu par les engrais chimiques.

87. Le jour où l'emploi des engrais de M. Ville se généraliserait, ils deviendraient tellement chers, qu'on se mettrait à réinventer le fumier, si, par impossible, on avait cessé de s'en servir.

88. Vraiment, c'est par trop fort ! Est-ce que la formule chimique de M. Ville ne serait efficace qu'en France, ou bien suppose-t-on qu'il serait défendu aux Anglais de l'employer ? Si elle a la puissance de porter nos rendements de 16 à 30 ou 35 hectolitres, elle élèvera sans doute ceux de la Grande-Bretagne de 24 à 35 ou 40 tout au moins, et alors les Anglais, au lieu

Il y a un autre avantage, pour un grand pays comme la France, à dépasser, sous le rapport de la production, les besoins de son marché intérieur, et à faire d'une manière permanente une part à l'exportation ; c'est qu'en cas de mauvaise récolte, on se trouve nanti ; le haut prix que les denrées atteignent alors mettant à l'exportation une barrière plus efficace que les tarifs les plus restrictifs[89]. Dans ce nouveau système, 3 ou 4 millions d'hectares devenant

d'avoir du blé à nous acheter, en auront à nous vendre.

89. Les agriculteurs n'ont jamais demandé de tarifs restrictifs à l'exportation des céréales. Le grand bienfait de la loi de 1861 a été de rendre l'exportation parfaitement libre, selon le vœu unanime de toutes les associations agricoles. Les lois restrictives contre l'exportation des grains indigènes avaient été rendues contre l'agriculture nationale, et non pas en sa faveur. On avait pensé servir ainsi les consommateurs. C'est de même contre l'agriculture qu'ont été prises dans les temps de rareté les mesures prohibant la distillation des grains. L'agriculture a toujours vivement réclamé la libre disposition des denrées qu'elle produit.

disponibles, on pourrait faire une part plus large aux cultures fourragères et industrielles [90], à la production de la laine, dont nous importons pour 200 millions par an [91], à

90. On sait que, quand le rendement augmente pour le blé, les terres sont également devenues plus fertiles pour toutes les autres cultures. Par conséquent, il est très-vrai que la terre devenant plus productive on peut diminuer l'étendūe donnée aux céréales et néanmoins récolter plus de blé. C'est ce qui est arrivé dans les cinq départements du Nord, du Pas-de-Calais, de la Somme, de l'Aisne et de l'Oise, où la culture des betteraves à sucre a pris une grande extension. Mais, de grâce, remarquez que si l'on cessait de faire du fumier, c'est-à-dire de recueillir les déjections du bétail, le prix de la viande s'accroîtrait du coup de toute la valeur du fumier aujourd'hui utilisé. Il ne faut pas séparer la production de la viande de celle du fumier. Les engrais industriels doivent seulement être des compléments; à ce titre, mais à ce titre seul, on doit fortement encourager leur emploi.

91. Il est inexact de croire que l'on augmen

la production de la viande, dont tout le Midi manque, et qui, dans le Nord, est à un prix trop élevé.

Si la grande culture peut faire marcher de front la production de la viande et celle des céréales, la petite n'est pas dans les mêmes conditions. Force lui est donc de recourir à d'autres procédés. Les procédés qui lui conviennent sont trouvés, vous les connaissez maintenant ; mais cela ne suffit pas, si ces procédés devaient rester inaccessibles à ceux qui en ont besoin[92]. Or, il est incontestable que la situation de l'agriculture, au point de vue du crédit, est aujourd'hui déplorable et qu'elle est un obstacle aux moindres améliorations. Pour moi, je me demande souvent, et toujours avec surprise, comment il est possible, lorsqu'on sait qu'avec 100 fr. d'engrais on obtient un ex-

tera la production de la laine par les cultures industrielles. Les troupeaux à laine diminuent partout où l'agriculture devient plus intensive, pour faire place aux troupeaux à viande.

92. La petite culture, dans beaucoup de contrées, est arrivée à des résultats bien autrement considérables que ceux dont parle M. Ville, sans avoir attendu sa formule chimique. La culture maraîchère obtient par hectare des produits valant plusieurs milliers de francs, en utilisant surtout les engrais que lui fournissent les villes.

cédant de récoltes pouvant s'élever de 200 à 300 fr. [93], que l'agriculture, qui produit annuellement pour 7 ou 8 milliards, ne puisse pas se procurer ce premier capital, qui doublerait, triplerait la fortune publique. (*Applaudissements et marques d'attention* [94].)

93. Nous ne saurions trop répéter qu'il n'est pas vrai qu'avec une dépense de 100 fr. d'engrais on puisse obtenir de 200 à 300 fr. de revenu *net*. Si des engrais chimiques convenables font effectivement rendre à une terre ayant une fertilité acquise un excédant de récolte, c'est en prenant une partie de cette fertilité. Sans doute il faut exploiter la mine que l'on possède, mais il ne faut pas cacher au possesseur que la mine une fois épuisée il ne lui restera plus rien. En agriculture les engrais chimiques sont des moyens de tirer du sol ce qui s'y trouve, et rien de plus.

94. Ces applaudissements sont notés au *Moniteur*. Ils prouvent seulement qu'un auditoire se laisse facilement séduire par l'idée de tripler la fortune publique au moyen d'une minime dépense; mais la réflexion étant venue, chacun comprend qu'on épuise tout d'un coup un sol fertile par une production excessive. On mange

Diverses tentatives ont été faites pour fournir à l'agriculture le capital roulant qui lui est si nécessaire ; ces
tentatives n'ont pas réussi. Je ne veux pas reproduire ici
ce qui a été tant de fois répété, dans les discussions qui
viennent de finir, et sur le Crédit foncier et sur le Crédit
agricole. Ce qui est certain, c'est que ces institutions ne
répondent que très-incomplétement aux besoins en vue
desquels elles ont été conçues et fondées[95]. Or, messieurs,
lorsqu'on met son pays au régime de la libre concurrence,

le fond avec le revenu, en agissant ainsi. Il n'y a
de conservation réelle que là où l'on sait rendre
au domaine agricole au moins autant qu'on lui
enlève.

95. Nous avons critiqué les sociétés du Crédit
foncier et du Crédit agricole : mais il serait injuste de ne pas convenir qu'elles rendent aujour-
d'hui plus de services à l'agriculture qu'elles ne
le faisaient à l'origine. On a eu le tort de ne pas
comprendre tout de suite que l'agriculture ne
doit pas demander d'exception, qu'elle a intérêt
à rester dans le droit commun. Il n'y a qu'un
seul argent ; il va où il trouve un intérêt aussi
fort et aussi élevé que possible ; il n'y a qu'un
Crédit réel ayant seulement besoin de la liberté

14

il faut lui donner le moyen de se défendre et de lutter avec avantage.

Une enquête va s'ouvrir; il faut que l'agriculture, d'une voix unanime, demande les bénéfices du crédit qui lui a fait défaut. Pour devenir prospère, l'agriculture a besoin qu'on lui facilite l'accès de deux ordres de crédit bien différents : ce que j'appellerai le crédit personnel, celui qui est indéterminé, quant à son objet, et n'a pour garantie que la fortune, la capacité et la nature morale de l'emprunteur. Les crédits de cette nature ne peuvent prendre leur source que dans les banques locales.

Mais, à côté des opérations aléatoires dont il est impossible de prévoir avec certitude les résultats, il y a tout un ordre d'opérations d'une nature déterminée, dont les avantages sont connus et ne laissent rien au hasard : telles sont, par exemple, les avances faites au sol, sous forme d'engrais, les travaux d'irrigation ou de drainage [96].

de prendre les formes les plus variées pour se plier à toutes les exigences.

96. Le professeur arrive enfin à ses fins. Il voulait tâcher, en faisant sa conférence, de convaincre les agriculteurs et le gouvernement de l'urgence de créer une grande institution qui lui achetât ses engrais. Il va éliminer les prêts aux travaux de drainage, afin de tout faire attribuer

Les prêts conclus en vue d'opérations de cette nature doivent incomber évidemment à une institution qui relève de l'État et obtienne au besoin son appui, car au bout de ces améliorations il y a un accroissement certain de la fortune publique[97].

Quand sir Robert Peel résolut de supprimer la taxe qui pesait sur l'importation des grains, il se préoccupa de la situation nouvelle qu'il allait faire à l'agriculture de son pays. Aussi son premier soin fut-il de mettre à sa disposition d'abord 100 millions pour des travaux de drainage, d'assainissement, etc.[98].

exclusivement à des achats de ses propres engrais.

97. Non : l'État ne doit pas intervenir chaque fois qu'il peut y avoir accroissement de la fortune publique; sans quoi, il faudrait charger l'État de labourer les terres, car si les terres ne sont pas labourées, la fortune publique décroît. Demandons seulement le droit commun. Que des associations puissent se former librement en vue de faire toutes les améliorations agricoles, de faire crédit, s'il est besoin; mais ne cherchons pas des exceptions qui tuent toute initiative.

98. Les bills pour les prêts à l'agriculture après l'établissement du libre-échange des cé-

Il fit plus; cette somme ayant été rapidement épuisé, il obtint du parlement la création de deux compagnies, qui continuèrent son œuvre, avec le concours et sous le contrôle de l'État[99].

réales, ont été rendus pour tout un ensemble d'améliorations foncières d'une utilité permanente. Les actes du parlement britannique ont eu surtout pour but de faciliter l'exécution par association des travaux qui, outre un intérêt privé, avaient aussi un intérêt collectif. Enfin ajoutons que ce sont 217,875,000 fr., et non pas seulement 100 millions qui ont été mis à la disposition de l'agriculture britannique entière comme prêts remboursables par des annuités comprenant les intérêts des capitaux avancés.

99. Il y a eu plusieurs compagnies d'améliorations permanentes fondées dans la Grande-Bretagne; mais si, comme toutes les compagnies anonymes, elles opèrent sous le contrôle de l'État, elles agissent néanmoins sans son concours. Nous avons publié les actes constitutifs de ces compagnies (t. III de notre Traité général de drainage, irrigations, engrais liquides, p. 472, 497, 596). Le résumé de la législation anglaise donné par

Un propriétaire veut drainer son champ ou l'enclore, il s'adresse à l'une de ces compagnies; celle-ci envoie un ingénieur sur le domaine pour apprécier les avantages qu'il est permis d'attendre de l'amélioration projetée. Si elle est trouvée capable de produire 10 pour 100 au moins du capital engagé, sur l'avis favorable de son mandataire, la société se substitue à l'emprunteur pour l'exécution des travaux; quand ils sont achevés, pour rentrer dans ses avances, elle émet sur le marché un titre de rente auquel est annexé le plan de la propriété, l'indication des travaux exécutés, et, moyennant un intérêt de 6 3/4 pour 100, la créance s'amortit en vingt-cinq ans.

Le résultat de l'opération se traduit donc par une bonification de 3 pour 100 au moins sur l'intérêt du capital dépensé [100].

On a beaucoup critiqué parmi nous la loi sur le drainage. Les 100 millions que l'État a offerts aux agriculteurs n'ont

l'auteur de la conférence de la Sorbonne est tout à fait inexact.

100. Les obligations pour travaux d'amélioration foncière permanente exécutés ne sont pas seulement créées par les compagnies. Les propriétaires qui font faire les travaux peuvent eux-mêmes créer de pareils titres, qui sont transmissibles, indépendamment du fond du domaine.

pas été employés; on a attribué généralement cet insuccès à l'économie de la loi, qui imposerait, dit-on, aux emprunteurs des formalités trop nombreuses et gênantes[101].

La véritable raison est ailleurs[102].

En agriculture toutes les dépenses ne sont pas également productives; il y a entre elles, sous ce rapport, une subordination que l'on ne peut intervertir sans de graves dommages.

Pour une agriculture constituée comme l'agriculture

101. C'est la sévérité avec laquelle la Société du Crédit foncier est obligée d'exiger la justification de titres de propriété en règle qui s'oppose en France à l'application de la loi du drainage. Dans la Grande-Bretagne, on a eu soin de rendre préalablement une loi à l'aide de laquelle les titres de propriété ont pu se régulariser rapidement. En l'absence d'une telle loi on ne peut s'en prendre à la Société du Crédit foncier de l'insuccès de notre législation du drainage; cette Société opère en obéissant à la législation existante qui est à modifier.

102. Non, la raison du fait signalé n'est pas où vous allez vouloir la placer; elle est ce que nous avons dit et pas autre.

anglaise, où la grande culture domine, où l'on pousse à la production de la viande, où l'on dispose d'une quantité d'engrais véritablement énorme [103], et dans l'économie de laquelle l'engraissement au moyen des tourteaux se fait sur une grande échelle; pour une agriculture comme celle-là, placée dans un climat humide et froid, le drainage est une opération excellente et nécessaire. Mais en France, où la petite culture domine, les conditions sont bien différentes ; si on dit à un petit propriétaire qu'avec 100 fr. employés en drainage il gagnera 10 fr. [104], on ne le tente pas, parce qu'il sait qu'avec 100 fr. d'engrais il en gagnera 300 ou 200 au moins [105].

103. Les Anglais connaissent les avantages des engrais; mais ils ne disposent pas de quantités énormes de matières fertilisantes, et la preuve c'est qu'ils les achètent très-cher.

104. Il faut dire 10 fr. par an au moins, et cela suffit pour le tenter.

105 Nous répétons encore que c'est une assertion erronée. Jamais on ne gagnera 200 ou 300 francs en achetant 100 francs d'engrais de M. Ville. On pourra avoir un grand excédant de récolte par l'emploi d'engrais chimiques qui ne sont pas de son invention, mais ce sera aux dépens de la fertilité du sol. On ne doit pas oublier que tou-

Si la loi sur le drainage n'a pas réussi, si on ne s'est pas empressé d'user du concours de l'État, c'est qu'en définitive ce qu'il nous faut, ce n'est pas le drainage, ce sont des engrais. Ah ! si les 100 millions qui avaient été proposés pour le drainage étaient mis par l'État à la disposition du Crédit foncier, qui les avancerait à l'agriculture pour achats d'engrais, avec faculté d'en opérer le remboursement à un an de terme, soyez sûrs que les 100 millions seraient bien vite employés, ce qui aurait pour conséquence d'accroître, dès la première année, notre revenu territorial de 200 à 300 millions [106]. Ce n'est pas là une

jours le prétendu réformateur de l'agriculture suppose une terre de fertilité moyenne pour la vérification de ses théories; mais cette fertilité, obtenue par l'emploi préalable du fumier, il la détruit par son système cultural.

106. Nous y voilà donc! Il faut que l'État avance 100 millions aux agriculteurs qui achèteront l'engrais de M. Ville; mais qui garantira que ce sera une bonne opération pour d'autres que M. Ville lui-même? Un intérêt de 200 à 300 pour 100 est promis par le *réformateur* de l'agriculture nationale; ce n'est pas lui qui le paiera, ni la terre non plus.

vaine hypothèse, c'est un fait d'expérience certaine. Au
surplus, je ne doute pas qu'une mesure de ce genre ne
soit prise ; je puise ma confiance dans l'intérêt que l'Empereur porte à l'agriculture, et dans sa persévérance et ses
efforts pour la doter d'institutions de crédit. Ce n'est pas
dans un pays comme le nôtre, alors surtout que la situation est devenue si pressante, qu'il faut douter de l'avenir[107].

Mais une mesure de cette nature n'aurait pas seulement
pour conséquence d'améliorer une situation qu'on ne peut
laisser durer plus longtemps ; elle aurait encore celle de
développer parmi nous le commerce des engrais, et surtout de le moraliser. Aujourd'hui ce commerce est le plus
immoral qui existe ; j'ajoute qu'il lui est bien difficile
d'être honnête et loyal ; forcé de vendre à crédit, il doit
accorder 1 an ou 15 mois de terme, alors qu'il ne lui est
accordé à lui que 2 ou 3 mois. Pour compenser le dés

107. On accepterait la création d'une compagnie particulière, prenant l'opération à ses risques et périls ; mais une subvention de l'État,
c'est trop demander. Le gouvernement impérial
a fait beaucoup et fera certainement encore pour
améliorer la situation de l'agriculture ; il ne
doute pas de l'avenir ; mais il ne peut créer la
pierre philosophale et faire que du sol on tire
plus que ce qui s'y trouve.

avantage qui résulte de cette immobilisation de capital, il
ne peut se contenter d'un bénéfice ordinaire; comme la
valeur d'un engrais ne peut se juger à la vue, un commerçant peu scrupuleux trouve plus d'avantages à le falsifier
qu'à le grever d'un fort bénéfice. Le bas prix attire irré-
sistiblement l'acheteur. La fraude dissimule le profit; le
bénéfice produit par la fraude est sans limite, parce que
le mélange se fait avec des matières sans valeur. Dans ces
conditions, la fraude est inévitable[108].

Je reconnais volontiers qu'il y a des exceptions, mais
leur petit nombre justifie la sévérité de mon jugement[109].
L'acheteur est trompé, le pays en souffre, car lorsque la

108. Le commerce des engrais n'est pas généralement aussi immoral que l'affirme M. Ville.
On a énormément exagéré à cet égard. Sans
doute il y a eu beaucoup de coupables tromperies, mais la masse du commerce est honnête.

109. Non, les exceptions sont infiniment plus
nombreuses qu'on ne le dit; ou plutôt ce sont les
tromperies qui sont l'exception; la loyauté est la
règle dans les transactions. Il n'y a pas seulement que les Rohart, les Jaille, les Derrien et
tant d'autres, qui vendent loyalement de bons
engrais. La fraude n'est pas l'habitude commune.

récolte est mauvaise, le prix de toute chose s'élève, et les classes ouvrières sont les premières atteintes.

Si le Crédit foncier était autorisé à mettre à la disposition de l'agriculture, pour achats d'engrais, sous la forme d'obligations garanties par l'État, à un an de terme, une somme de 100 millions, la première règle qu'on devrait s'imposer serait de n'admettre au bénéfice de l'escompte que des valeurs ayant pour origine l'emploi d'engrais d'une qualité reconnue et d'une efficacité certaine[110]. Des considérations de deux ordres décideraient l'admission au bénéfice de l'escompte : la nature des produits vendus, la position commerciale du négociant.

Pour moi je ne vois à la situation présente d'autres remèdes que celui que je vous indique.

Les fumures manquent à notre sol, nous ne pouvons qu'exceptionnellement produire du fumier[111]; le régime de

110. Il est évident qu'on ne devrait prêter qu'à ceux qui auraient acheté des engrais de M. Ville. Lui seul mériterait sans doute la garantie de l'État, puisque ses formules chimiques sont seules vraies!!!

111. Mais la production du fumier a lieu dans les moindres hameaux. Tout ce que l'on peut reprocher à nos cultivateurs, c'est de ne pas en soigner assez la fabrication, de le laisser laver par

notre agriculture s'y oppose [112]. D'un autre côté pourtant, nous sommes appelés à lutter avec le monde entier. Or, pour lutter, il faut que nous baissions nos prix de revient, c'est une nécessité et je vous ai montré à quelle condition on peut en venir à bout.

Quant à ceux qui doutent de la fécondité de ce grand principe de la liberté commerciale, destiné à établir entre tous les peuples une sorte de solidarité et de dépendance, entrevues vaguement par les économistes du siècle dernier,

les pluies, etc. Mais chaque jour ils renoncent à une mauvaise routine. Notre agriculture repose entièrement sur la production du fumier et il s'en produit chaque année pour plus d'un milliard de francs. Il y a quelque chose qui confond notre intelligence, c'est que du haut d'une chaire officielle on puisse oser dire qu'en France la production du fumier soit une exception, c'est encore que de pareilles assertions puissent être reproduites par le *Moniteur* de l'Empire sans aucune contestation immédiate.

112. Comment le régime de l'agriculture française s'oppose-t-il à la production des fumiers; il faudrait démontrer de pareilles assertions et non pas les poser comme des axiomes.

et mises dans un jour si éclatant par les faits contempo-
rains, à ceux-là je pourrais citer l'histoire de l'Angleterre
et faire ressortir tous les avantages qu'elle a recueillis de
l'application de ce principe nouveau. Mais l'exemple tiré
de l'Angleterre soulève habituellement des contestations
que je veux éviter; j'aime mieux vous raconter le spectacle
vraiment extraordinaire auquel je viens d'assister, la transformation agricole que l'Égypte subit en ce moment[113].

Si je vous disais que la guerre d'Amérique a plus fait
pour la prospérité de l'Égypte, pour son progrès social et
matériel, que le gouvernement de Mehemet-Ali[114], j'aurais
l'air d'avancer un audacieux paradoxe, ou une de ces pro-

113. Le prétendu réformateur passe pour être
associé avec un grand financier ayant beaucoup travaillé en Égypte; c'est pour cela sans doute que
l'Égypte va être donnée en exemple à la France.
Allons, cultivateurs français, vous voici placés au-
dessous des fellahs ! Vous ne savez pas faire en des
siècles ce que les fellahs font en deux ou trois ans !

114. Une telle assertion ne saurait être accep-
tée. On doit toujours mettre au-dessus de la
satisfaction des intérêts matériels, celle des intérêts moraux. Les chefs des nations musulmanes,
en effectuant des réformes politiques, en intro-
duisant une certaine instruction parmi leurs

positions à effet qu'il est impossible de justifier. Voici pourtant ce que j'ai vu de mes yeux et constaté par moi-même.

Lorsque la sécession eut levé l'étendard de l'indépendance en Amérique, le prix du coton monta outre mesure ; ce qui valait 100 fr. en valut 500 ou 600. L'Égypte est le pays de la stabilité, rien n'y change ; le fellah d'aujourd'hui est le fellah du temps des pharaons : même costume, même mœurs, même alimentation, même caractère singulier. Adroit, patient, peu travailleur, le fellah est toujours le même homme, peu enclin à l'enthousiasme et difficile à entraîner, adonné de temps immémorial à la culture du blé, de l'orge et des fèves : rien n'aurait pu faire pressentir le changement qui allait s'opérer. Mais ce que ni les ordres du gouvernement, ni le fanatisme religieux n'auraient pu obtenir, la hausse du coton l'a produit comme par enchantement.

Devant la perspective d'un bénéfice qu'il aurait à peine osé imaginer, le fellah s'est mis à semer du coton, timidement d'abord ; mais, comme le prix était très-élevé dès la première année, la récolte a atteint 3,000 ou 4,000 francs par hectare, ce qui, en beaucoup de points[115], représente deux fois la valeur du fonds.

peuples, ont commencé la transformation de l'esprit public, et sans cette action antécédente la crise cotonnière n'eût produit aucun effet sur les cultivateurs de l'Orient.

115. *En beaucoup de points* est charmant. Le

Dès la seconde année, l'Égypte devint un champ de cotonniers. — Les bénéfices étaient énormes; c'était la fièvre de l'or sous une nouvelle forme.

Le froment, qui autrefois valait en moyenne 10 francs l'hectolitre, atteignit les prix sans précédents de 35 et 40 fr.

Par un effet de cette solidarité, de cette dépendance dont je parlais tout à l'heure, les provinces méridionales de la Russie s'émurent à leur tour, et expédièrent en toute hâte des blés vers ce pays qui, naguère leur rival sur les marchés de l'Europe, leur offrait, par une transformation soudaine, un centre de consommation considérable.

Mais, en 1863, arrive une nouvelle sinistre : on apprend que, dans la haute Egypte, une épizootie vient de se déclarer; c'est par centaines, par milliers que tombent les bœufs, les buffles.

Que va-t-on devenir sans animaux pour labourer la terre? Le prix du coton monte toujours, l'or est là qui tente le fellah. Que faire? Le grand magicien de l'offre à la demande va triompher de ce nouvel obstacle.

Les Anglais sont gens pratiques et avisés. L'Egypte est une terre d'alluvion, partout unie et plane comme la

réformateur de l'agriculture ignore que l'immense majorité de l'étendue des terres, non pas seulement en Égypte, mais encore dans toutes les parties de l'Europe, a une valeur moindre que 1,500 fr. l'hectare.

surface d'un lac; c'est la terre prédestinée pour la charrue à vapeur. Les Anglais l'eurent bientôt compris; aussi se hâtèrent-ils d'expédier des cargaisons de charrues à vapeur, de pompes à feu, enfin un outillage formidable destiné à faire tous les travaux des champs.

Ces machines étaient grossières, mal construites; on les vendait à des prix énormes. Détail que tout cela; à leur aide, on faisait du coton, et le coton payait tout.

J'ai vu, de mes yeux, des centaines, des milliers d'hectares arrosés par des pompes à feu, labourés de jour et de nuit par des charrues à vapeur [116]. La saison commande, la perspective du profit surexcite le zèle, la vapeur ne connaît ni trêve ni repos, la culture du coton s'étend toujours.

Voulez-vous que nous fixions par quelques données statistiques ce qu'a valu à l'Egypte cette transformation?

En 1860, la culture du coton commence; on cultive néanmoins les céréales, on en fournit à l'étranger pour 20 millions, et on récolte pour 25 millions de coton.

En 1861, on exporte pour 29 millions de céréales, l'exportation du coton monte à 37 millions.

116. Toute cette description est exagérée. Ainsi, par exemple, les machines à vapeur anglaises fournies à l'Égypte n'ont été ni aussi mauvaises ni aussi nombreuses que le prétend l'auteur de la Conférence de la Sorbonne.

Arrive 1862 ; cette année-là, il y a pour 36 millions de céréales, le coton s'élève à 100 millions.

Quand se produit l'épizootie, il n'y a plus moyen de faire marcher de pair les céréales et le coton ; tandis que les céréales et autres graines alimentaires ne figurent plus à l'exportation que pour 20 millions, celle du coton monte à 168 millions.

En 1864 enfin, il n'y a plus que pour 2 millions de céréales : l'Egypte eût été affamée, si nous ne lui avions pas envoyé nos farines ; mais elle a produit pour 262 millions de coton !

Voilà, messieurs, ce qui arrive du régime de la liberté commerciale. C'est le seul moyen de progrès, de prospérité, pour l'industrie et pour l'agriculture, parce que c'est le seul moyen de rendre à l'homme sa dignité [117]. En

117. C'est la guerre intestine des deux Amériques qui est cause de l'extension prise par la culture du coton non-seulement en Égypte, mais encore dans l'empire Ottoman, en Italie, dans le Brésil, en Algérie ; il est impossible de venir citer ce fait comme un exemple de ce que peut produire la liberté commerciale, alors que l'on sait que la hausse subite du prix du coton et la suppression de l'esclavage aux États-Unis d'Amérique, ont produit l'acclimatation ou l'extension

bannissant le mensonge des droits protecteurs, on obtient selon ses peines, selon ses risques, selon son travail. (*Vifs applaudissements* [118].)

- La liberté commerciale est, à mes yeux, le plus grand instrument de progrès auquel il faut nous rattacher. Aussi dirai-je aux agriculteurs, et je voudrais bien que ma voix pût être entendue de tous : Soyez calmes, présentez-vous devant l'enquête avec confiance, et tous, d'une voix unanime, demandez l'émancipation de l'agriculture en face du crédit, afin de pouvoir lutter à chances égales! (*Nouveaux applaudissements* [119].)

de la culture du coton dans les autres pays. Est-ce que d'ailleurs en Égypte règne la liberté commerciale? Est-ce que tout le monde ne sait pas que c'est le pays où fleurit surtout le monopole?

118. Ces applaudissements ne sont pas consignés au *Moniteur*, mais ils sont notés dans le texte corrigé de la main de M. Ville. Admettons qu'ils aient été réellement prodigués au professeur. Prouvent-ils que le régime sous lequel vit l'agriculture égyptienne soit supérieur à celui de l'agriculture française? Prouvent-ils aussi que les engrais chimiques doivent remplacer le fumier de ferme?

119. Même remarque sur ces applaudisse-

Et quant à nous, messieurs, qui comptons parmi les favorisés de ce monde; nous qui avons en partage l'éducation, la fortune, à des degrés divers, dans ce moment d'épreuve que traverse notre pays, nous avons aussi un devoir à remplir : c'est de faire comprendre à l'agriculteur, au petit cultivateur, les avantages qu'apporte avec elle la liberté commerciale. Aussi vous demanderai-je, avant de nous séparer, de confondre nos sentiments dans un seul et même vœu : le maintien de cette liberté et le triomphe de la cause agricole, c'est-à-dire de son émancipation devant le crédit [120]; car derrière cette cause il y a la

ments que sur les précédents. Demander l'émancipation de l'agriculture devant le crédit, est une très-bonne chose, si l'on entend que les lois cesseront de placer l'agriculture hors du droit commun. Mais cela ne suffira pas pour empêcher le renouvellement des crises agricoles. Il y a tout un ensemble de réformes à faire ; nous avons cherché à le montrer dans la première partie de cette Trilogie. Le souffle de la liberté est vivifiant pour l'agriculture comme pour le commerce et l'industrie, mais qu'il se répande partout sans obstacle et qu'on ne l'invoque pas pour créer, après qu'il aura passé, des monopoles et des priviléges !

120. Ce qu'a évidemment voulu le professeur,

fortune, la prospérité, et, dans une certaine mesure, la puissance à venir de notre pays. (*Bravos et applaudissements répétés* [121].)

c'est que son auditoire émît un vœu pour la création d'une Société de crédit chargée d'acheter, avec 100 millions prêtés ou garantis par l'État, les engrais chimiques reconnus nécessaires pour assurer la guérison de la crise agricole, **mais à la condition qu'ils auront préalablement reçu l'approbation de M. Ville.**

121. Le *Moniteur* a encore eu ici la pudeur de ne pas mentionner ces bravos et applaudissements répétés ; mais M. Ville a eu soin de les consigner dans le texte corrigé de sa main. S'adressaient-ils au thème de la réformation de l'agriculture par l'engrais chimique complet? Alors ils ont été déplorablement accordés. Étaient-ils excités par l'idée de liberté qui fait toujours battre les cœurs en France? Alors ils ont été singulièrement détournés de leur signification par celui qui a eu soin de les noter dans les brochures contenant le texte extrait du journal officiel ; ils ne s'adressaient pas à l'inventeur ; ils saluaient le drapeau de la liberté agité devant l'auditoire.

III

Nous sommes arrivé à la fin d'une tâche qui nous a été pénible. Mais en présence de l'espèce d'accusation qui avait été portée contre nous de vouloir nous opposer par le silence au succès d'un réformateur, nous avons dû tout citer et tout dire. Nous avons bien manifestement montré, nous l'espérons, l'inanité du prétendu remède que M. Georges Ville, du haut d'une chaire de la Sorbonne, et ensuite dans les colonnes du *Moniteur universel*, a enseigné à l'agriculture française, pour guérir les souffrances dont elle s'est plainte, et empêcher désormais le retour des crises agricoles. Le remède, on vient de le voir, consisterait tout simplement à mettre par hectare au moins pour 500 francs d'un engrais composé par M. Ville. Or 500 francs, c'est beaucoup ; et comment les agriculteurs se les procureraient-ils ? M. Ville a eu l'ingénieuse idée de demander que le gouvernement leur prêtât 100 millions pour faire l'achat de ses engrais. Ce singulier remède a été enveloppé dans une série de paradoxes, ayant une forme scientifique, qui ont trompé quelques bons esprits. Nous avons rétabli la vérité, autant que nous l'avons pu ; et du remède, il n'est resté que l'énoncé que nous venons d'en faire, énoncé bien suffisant pour le condamner sans appel. On a pu dès lors caractériser très-justement en ces termes le système proposé pour sauver l'agriculture française : moyen de ruiner toutes les terres fertiles et de tirer des mauvaises terres le peu d'humus qu'elles contiennent pour les vouer à une stérilité éternelle.

Cependant, M. Ville ne s'est pas tenu pour battu et il nous a adressé le document suivant, qu'il a aussi mis en brochure et que nous réimprimons pour ne rien laisser sans réplique. Nous y ajoutons des notes pour rectifier les nouvelles erreurs de l'auteur de la réforme. Voici donc ce qui nous a été répondu :

« Monsieur, j'aime à penser que vous avez fini et que votre réfutation de ma conférence est aujourd'hui complète ; ce que vous avez dit est bien tout ce que vous aviez à dire. Si les emportements de langage ou des affirmations outrées et toujours sans preuve pouvaient tenir lieu de

bonnes raisons[122], je confesse que votre réfutation serait ac-
cablante et que vos critiques seraient sans réplique. Mais
vous n'ignorez pas que Pascal attribue à l'affirmation des
faits plus de puissance qu'aux allégations des hommes, et
c'est en m'appuyant sur les faits que je vais tenter de faire
un peu de lumière dans la masse incohérente de vos dires
et dénégations. — Votre manière de discuter est vraiment
bien singulière. — Lorsque vous avez annoncé votre réfutation, j'avais pensé que vous commenceriez par publier
ma conférence, et qu'ensuite vous exposeriez à votre point
de vue l'état de la science agricole. — En agissant ainsi,
vous eussiez mis chacun à même de reconnaître les points
sur lesquels je me suis trompé sans m'en apercevoir, mais
en même temps ceux sur lesquels, mieux inspiré, j'ai eu
l'heureuse fortune de mettre en lumière quelque utile
vérité. — Le praticien aurait tiré de ce parallèle un enseignement tout à son avantage, et si vos preuves avaient
revêtu le caractère d'une démonstration convaincante, je
vous eusse donné, vous pouvez m'en croire, la satisfaction
de me rectifier. — Mais, au lieu d'en agir ainsi et de placer loyalement les pièces du procès sous les yeux du public[123], vous conformant en cela aux traditions de la presse
sérieuse et aux règles des plus simples convenances, vous

122. Les agriculteurs jugeront; ils peuvent con-
fronter nos notes et le texte de M. Ville lui-même.

123. Mais n'avons-nous pas publié tout le text

avez trouvé plus commode de défigurer ma conférence et d'en rendre la lecture suivie à peu près impossible en intercalant dans le texte des notes en caractères plus gros que le texte même, de manière à faire naître une confusion inextricable [124]. — Au milieu de ce flot confus d'exclamations et de dénégations violentes [125], je cherche en vain de votre conférence désormais fameuse? N'a-t-on pas ce texte intégralement sous les yeux?

124. Nous n'avons pas interrompu votre texte; il se suit d'un bout à l'autre; nous n'y avons rien intercalé; il se pavane au haut des pages. Seulement nous y avons mis des notes; c'est là notre crime, selon vous; c'est notre justification vis-à-vis de nos lecteurs. Il fallait bien distinguer votre texte de nos notes par un moyen typographique. Vous eussiez voulu que votre texte eût le privilége du gros caractère d'impression; mais nous eussions ainsi donné un double avantage à ce que nous croyons l'erreur sur ce que nous croyons la vérité, l'avantage de la place et celui du gros caractère typographique. Nos notes occupent le rez-de-chaussée; laissez-leur le droit de s'y bien montrer.

125. Le lecteur dira où sont les violences et

l'ombre d'une preuve et les linéaments d'un corps de doctrine. Je n'en trouve pas trace. — Ainsi, vous niez que la production agricole ait reçu de la science sa définition souveraine [126]. — Eh bien, dites-nous jusqu'où vont selon vous les notions partielles dont nous lui sommes redevables, et ce qui lui reste à nous enseigner pour compléter son œuvre. — Marquez avec exactitude le point où s'arrêtent nos connaissances et celui où commencent nos incertitudes [127]. — Mais pour que cette démonstration garde le caractère sérieux dont la science ne doit jamais se départir, efforcez-vous de rester calme, ne fût-ce que pour prévenir l'opinion qui commence à s'accréditer, que vos violences de langage ne sont qu'un artifice de discussion et un expédient pour masquer l'insuffisance de vos connaissances sur

les personnalités et surtout où est la convenance, lorsqu'il aura noté que vous avez publié votre prétendue réfutation de nos critiques, sans rien citer de ce que nous avions dit. Au moins nous donnons tout : votre texte se défendra contre nos critiques, si celles-ci ont tort.

126. De la science telle que vous l'avez formulée, oui ; mais de la vraie science, nous le nions formellement.

127. C'est ce que nous avons essayé de faire dans la seconde partie de cette Trilogie.

le fond du sujet[128]. — En attendant cette profession de foi lumineuse et magistrale, souffrez que je tente, dans l'intérêt et pour l'édification de vos lecteurs, de donner à vos observations un lien qui les coordonne. — J'imagine qu'à la lumière qui naîtra de cette coordination[129], tout esprit impartial devra s'avouer que vos opinions ont bien peu de fixité, et que la source de vos inspirations n'est certainement pas le culte platonique du progrès dans ce qu'il a

128. M. Ville nous accuse de violence de langage et d'ignorance. — Si nous montrons parfois de la passion, ce n'est jamais contre des personnes, mais contre ce que nous regardons comme des erreurs dangereuses. — Si nous sommes ignorant, ce n'est pas faute de travailler pour essayer de nous instruire. Nous cherchons toujours à apprendre de nouvelles vérités, et la preuve c'est que nous lisons tout ce qu'écrit le réformateur de l'agriculture par les engrais chimiques ; est-ce notre faute s'il répand des erreurs que nous devons démasquer ?

129. M. Ville est vraiment bien bon ; mais il est le foyer de tant de lumière qu'il ne peut rien lui coûter de nous éclairer de quelque rayon perdu. On va en juger.

d'utile [180], ni de la vérité dans ce qu'elle a de nouveau et de fécond [181]. — Toute ma conférence de la Sorbonne peut se résumer en trois propositions fondamentales. Notre population agricole souffre et son accroissement semble soumis à un temps d'arrêt. Nous sommes sous ce rapport dans une situation d'infériorité notoire à l'égard de l'Angleterre, de la Hollande et de la Belgique. Quelle est la véritable cause de ce ralentissement et de ce malaise? J'ai dit et je soutiens encore qu'il vient de ce que nos prix de revient sont trop élevés; nous produisons trop cher [182], et j'ajoute que la surélévation de nos prix tient à l'insuffi-

130. Tout progrès est utile. Mais quel avantage personnel peut nous procurer une polémique avec un tel contradicteur?

131. Si nous avons combattu M. Ville, c'est parce qu'il nous a fait sommer plusieurs fois par ses amis, de nous expliquer sur ses doctrines. Nous eussions sans doute eu le culte de la vérité nouvelle et féconde, si nous avions approuvé son enseignement et renoncé à montrer les erreurs de ses expériences.

132. La France ne produit pas plus cher les denrées agricoles que l'Angleterre, la Hollande et la Belgique; par conséquent ce n'est pas l'exagération de ses prix de revient qui peut être cause

sance des fumures que la terre reçoit[133]. — Fumer plus et mieux, voilà donc le but vers lequel il faut tendre. Niez-vous l'évidence et l'exactitude de cette proposition[134]? — L'agriculture a donc besoin d'engrais; où les prendra-t-elle? Dans le passé, on avait une formule toute prête pour répondre à cette question, on disait : pour avoir du fumier, faites de la prairie, élevez du bétail[135]. — Je réponds, qu'à part le cas toujours exceptionnel où l'on peut se

de l'infériorité relative de sa population eu égard à l'étendue du territoire de l'Empire.

133. La surélévation des prix de revient n'existant pas, elle ne peut pas tenir à l'insuffisance des fumiers que reçoit la terre.

134. Tout le monde est d'accord sur la nécessité de fumer la terre arable plus et mieux. On l'a dit, croyons-nous, un peu avant l'avénement du prétendu réformateur de l'agriculture par les engrais chimiques.

135. Nous espérons bien qu'on continuera toujours à le dire. Rien n'est plus vrai ni plus fécond. Faire de la prairie irriguée et élever du bétail, est une formule qui n'est pas neuve, mais qui a l'avantage de répondre parfaitement à toutes les exigences de la science et de la pratique.

livrer à la production de l'alcool et du sucre, la dose de
fumier recueillie dans une exploitation agricole suffit difficilement pour faire ressortir le blé à un prix rémunérateur, et que, même dans l'hypothèse d'une annexe indus-
trielle, l'emploi des engrais artificiels devient une nécessité
ou présente dans la pratique d'incomparables avantages [136].
— Que trouvez-vous à objecter à cette deuxième proposition ? Contestez-vous la justesse de cet axiome admis par
tous les praticiens : *A la culture intensive les grands profits ?* Faut-il en mettre la preuve sous vos yeux, par sous
et deniers ? Le bon sens et les connaissances pratiques de
vos lecteurs rendent ce complément de preuve inutile [137]. —
— L'agriculture a besoin d'engrais ; mais si dans les con-

136. Mais nous avons dit cela des milliers de
fois, en même temps que tous les chimistes. Nous
ne différons de M. Ville que parce qu'il entend
qu'une certaine formule d'engrais peut remplacer
le fumier de ferme, et que nous soutenons que
les engrais industriels, quels qu'ils soient, ne
peuvent que le compléter.

137. Le bon sens du lecteur lui fera répondre
que dans nos critiques du système des engrais
chimiques employés exclusivement, nous n'a-
vons rien dit qui tendît à nier les lieux com-
muns mêlés ici au débat par M. Ville pour jeter

ditions les plus favorisées elle n'en produit pas assez, que sera-ce lorsque sa position devient précaire et embarrassée, ce qui est le cas de la petite culture? — La petite culture tend à dominer en France ; elle s'étend de plus en plus, et, sur nos quarante-six millions d'hectares cultivés, elle occupe déjà vingt et un millions à peu près. — Or, *vous avez beau dire le contraire*, je soutiens et tous les gens pratiques vous diront avec moi que le propriétaire d'un hectare ou deux ne peut pas se faire producteur d'engrais ; l'économie la plus stricte apportée à l'aménagement des déjections recueillies dans son modeste intérieur est une ressource tout à fait insuffisante ; pour cette classe de cultivateurs, les engrais artificiels sont plus qu'un auxiliaire, ils sont une nécessité[138]. — Me plaçant donc au point

sans doute sur la question la vive lumière qui émane du foyer puissant dont il est le dépositaire.

138. Si les petits cultivateurs ne peuvent pas faire d'engrais, c'est qu'ils ne peuvent avoir de récoltes fourragères ; or, s'ils ne font pas de récoltes fourragères, ils ne peuvent élever du bétail. La production de la viande doit donc diminuer et même s'anéantir, si l'on vient par malheur à suivre le système soutenu par M. Ville. La petite culture sur 21 millions d'hectares renonçant à

de vue des besoins de cette partie si intéressante et la plus
nombreuse de la population de nos campagnes, je me suis
attaché à exposer comment il faut concevoir l'emploi des
engrais chimiques, qui sont les engrais artificiels par
excellence, puisque leur nature est toujours rigoureusement définie et leur degré de pureté susceptible d'une
fixité que ne présentent pas les autres engrais[139]. — Les
formules que j'ai publiées ne sont pas d'ailleurs des re-

l'entretien du bétail, mesurez donc les conséquences de vos doctrines ! — Conseillez l'emploi
des engrais artificiels; mais admettez avec nous
que le petit cultivateur doit entretenir du bétail,
faire du fourrage, faire du fumier. Songez donc à
l'impossibilité de consacrer 21 millions d'hectares
à la culture des céréales que cependant ailleurs
vous proposez de réduire. — Mais vous ne faites
qu'amasser incohérences sur inconséquences.

139. Les formules publiées par M. Ville pré-
sentent-elles vraiment de la fixité? Elles comportent l'emploi de plusieurs composés qui dans
le commerce ne sont jamais purs; et lui-même il
ne se sert que d'expressions vagues, lorsqu'il
s'agit de donner des moyens de préparation de
son engrais.

cettes inflexibles, mais des formules symboliques, dont les praticiens judicieux et prévoyants doivent s'efforcer de se rapprocher le plus possible, à l'aide des ressources qui sont à leur portée. — J'ai dit : « On fera du fumier, si, tout bien pesé, on y trouve son profit; dans le cas contraire, on y suppléera par des engrais chimiques; au lieu d'une question de bonne culture, il n'y a plus là qu'une question de prix de revient [140]. » (6ᵉ conférence de Vincennes, p. 344). — Une règle, une seule est inflexible : il faut rendre à la terre plus de phosphate de chaux, de potasse et de chaux que les récoltes ne lui en font perdre; soit qu'on fasse consommer par les animaux les pailles et autres déchets de récolte, ou qu'on s'en serve pour produire de toutes pièces, et par des moyens artificiels, des fumiers DONT ON COMBINERA L'EMPLOI AVEC CELUI DES ENGRAIS CHIMIQUES [141]. » (Même conférence, p. 370.) —

140. Les engrais chimiques employés exclusivement pendant un petit nombre d'années mèneront à la stérilité, à la ruine des terres; ils ne restituent pas l'humus.

141. La sixième conférence de Vincennes n'était pas encore publiée lorsque nos critiques du système de M. Ville ont paru; elle ne l'était même pas lorsque la réponse ci-dessus nous a été envoyée. Nous avons donc le droit de dire que c'est

Est-ce assez clair? Où voyez-vous que je réprouve l'usage du fumier? Et comment le pourrais-je, sans inconséquence, moi qui me suis appliqué à démontrer que le fumier emprunte aux mêmes agents que les engrais chimiques ses propriétés fertilisantes les plus essentielles[142]? — J'arrive au dernier point que vous avez si complaisam-

après coup et en vue du débat ouvert que l'auteur a introduit les phrases dont il fait citation. Mais la satisfaction qu'il nous donne **après coup** indirectement, en ne repoussant plus le fumier fait avec les déjections des animaux ou bien par des moyens artificiels, est insuffisante. Il dit dans sa 6ᵉ conférence (p. 344) qu'il a prouvé que « la production des engrais par les animaux pérd le caractère de nécessité absolue qu'on lui avait attribué. » Nous protestons contre cette conclusion dans l'intérêt de l'agriculture. Il est absolument indispensable qu'on fasse usage du fumier. Des engrais chimiques exclusivement employés ruineront toute terre en un temps plus ou moins long selon le degré de fertilité préalablement acquis.

142. Le fumier de ferme contient les mêmes agents que les engrais chimiques de M. Ville,

ment travesti [143]. — Persuadé qu'aucune dépense n'est plus rémunératrice que celle des engrais, lorsqu'ils sont de bonne qualité, c'est-à-dire lorsqu'ils contiennent à la fois du phosphate de chaux, de la potasse, de la chaux et une matière azotée, j'ai pensé et persiste à croire que l'État rendrait un signalé service à l'agriculture, en facilitant la création d'un système de vente d'engrais, à quinze mois de terme [144]. — J'ai pensé et dit en outre que l'avantage le plus

mais à des doses différentes ; il contient en outre des agents complémentaires indispensables. En d'autres termes, il n'est pas vrai qu'il suffise de rendre à la terre arable du phosphate, de la potasse, de la chaux et des matières azotées.

143. Nous n'avons rien travesti. Nous avons cité exactement et intégralement une conférence que vous donnez comme le résumé de vos doctrines et comme contenant le remède à toutes les crises agricoles. Or ce remède étant un prêt de 100 millions pour achat d'engrais préparés selon vos indications, nous avons montré son inanité.

144. Les sociétés de crédit pour l'agriculture doivent se former sous le régime de la liberté et non pas sous celui du monopole. L'État ne doit

essentiel que je trouvais à une telle création serait de ramener le commerce des engrais à des habitudes et à une pratique plus loyales ; et dans ce dessein j'ai proposé par conséquent de n'étendre le bénéfice de ce terme de quinze mois qu'à des engrais d'une composition aussi facile que simple à déterminer ; et je comprenais dans cette catégorie le phosphate de chaux, les sels de potasse, le nitrate de soude, le salpêtre et les sels ammoniacaux, certaines matières d'origine animale, le guano, les tourteaux de graines oléagineuses, etc. [145], etc. J'ai soutenu enfin que l'État ne pouvait se montrer moins jaloux de notre propriété agricole que de celle de nos voies ferrées, et que, puisqu'il avait avancé aux compagnies des chemins de fer, tant en travaux qu'en garantie d'intérêts, près

intervenir que pour rendre les lois favorables au développement de l'association. Des sociétés de crédit particulières ont du reste déjà trouvé le moyen de faire des prêts aux agriculteurs pour des termes de 15 mois et plus.

145. Vous généralisez maintenant votre proposition en l'étendant à la possibilité de prêter pour l'emploi de tous les engrais, car vous les citez tous aujourd'hui. Vous n'avez d'abord parlé que de vos engrais chimiques. Vous sentez que le monopole ne.sera pas accordé.

d'un milliard, il ne pouvait refuser d'avancer à l'agriculture, pour l'un de ses plus impérieux besoins, une centaine de millions, d'autant plus que cette somme a déjà été votée pour le drainage et que, restée sans emploi, il suffirait d'en changer la destination[146].— Que trouvez-vous donc là de si répréhensible, et que signifie l'affectation que vous mettez à parler de *mes* engrais? Auriez-vous par hasard l'intention d'insinuer que je vendais des engrais, que j'ai des intérêts privés à favoriser? Veuillez vous expliquer sur ce point, et trouvez bon que jusque-là je me borne à cette interpellation[147].— Ce n'est pas d'aujourd'hui

146. Il n'y a pas de somme de 100 millions disponible pour le drainage et dont on n'aurait qu'à changer la destination. La Société du Crédit foncier a obtenu le privilége de prêter 100 millions pour des travaux de drainage sous forme d'obligations qu'elle émettrait. La Société du Crédit agricole ou toute autre société financière pourrait aujourd'hui s'organiser dans le but de prêter pour l'achat d'engrais. Ne demandez pas l'argent de l'État.

147. Nous n'avons pas à répondre à une telle interpellation. Nous repoussons un système que nous regardons comme nuisible à l'agriculture, sans nous occuper des intentions de l'auteur de

d'ailleurs que je professe et défends ces idées. Les cartons du ministère de l'agriculture renferment sur cette question un mémoire de moi qui remonte à plus de cinq années, et qui nous a valu la nomination de la commission chargée de l'enquête sur les engrais[148]. — Jusqu'ici je ne vois rien qui puisse justifier votre attitude et vos vio-

ce système; si nous parlons de *ses* engrais, c'est qu'il s'est donné comme l'inventeur d'une formule particulière supérieure, a-t-il dit, à toute autre pour obtenir des terres le maximum de rendement. Cette formule, ne l'a-t-il pas fait breveter? Nous n'y voyons pas de mal, surtout maintenant qu'il est bien avéré que l'État ne prêtera pas les 100 millions demandés.

148. Nous avons vainement cherché dans les actes de l'enquête sur les engrais, une trace quelconque de l'action exercée par M. Ville pour faire nommer la Commission d'enquête « chargée, par ordre de l'Empereur, d'examiner quelles seraient les mesures à prendre pour mettre l'agriculture à l'abri des falsifications dont les engrais et amendements sont l'objet, et de rechercher les moyens de procurer aux cultivateurs français des matières fertilisantes en plus grande abondance. » Le nom

lences[149], rien qu'un homme impartial puisse se refuser à considérer comme conforme à l'intérêt et au bien de notre pays, appelé à lutter désormais avec tous les autres pays producteurs de denrées agricoles. — Jusqu'à présent j'ai évité à dessein les questions de science; j'ai voulu n'appeler à mon aide que le bon sens et les notions les plus élémentaires; mais ne croyez pas que mon silence à cet égard soit une désertion; je me hâte donc de rentrer dans le domaine scientifique qui est mon domaine de prédilec-

de M. Ville n'a pas même été prononcé. La vérité est que le ministère de l'agriculture avait mis la question à l'étude depuis 1834, ainsi qu'en fait foi un document sur la question des engrais industriels, distribué en avril 1850 au Conseil général de l'agriculture, du commerce et des manufactures.

149. Nous avons été à plusieurs reprises provoqué à nous expliquer sur le système et les travaux de M. Ville; les provocations venaient des journaux où il avait des amis. On nous accusait de manquer à notre devoir de directeur du journal agricole le plus répandu, si nous nous taisions. Nous avons dit sans violence ni passion ce que nous croyons être la vérité.

tion, et je me persuade que vous n'aurez pas à vous en réjouir [150].—J'ai dit, je répète et je soutiens que la science a défini la nature et le nombre des agents qui rendent la terre fertile et engendrent la végétation, comme la houille engendre la vapeur. — Le fumier doit à ces agents, qui sont le phosphate de chaux, la chaux, la potasse et les matières azotées, réunis et associés, son efficacité [151]. Qu'opposez-vous à cette déclaration? Faut-il rappeler pourquoi je restreins la composition de l'engrais complet à ces quatre termes [152]? Voilà ce que j'ai dit à cet égard dans la cinquième des conférences de Vincennes (p. 275): « En bornant la composition de l'engrais complet au phosphate de

150. Nous nous réjouissons toujours quand une vérité scientifique est établie. Voyons donc les vérités que vous pensez nous avoir révélées.

151. Le fumier doit encore son efficacité aux autres matières qu'il contient et qui donnent l'humus à la terre.

152. Il n'y a pas d'engrais complet, on ne saurait trop le répéter en présence de la persistance de l'affirmation de l'existence d'un tel engrais. Un engrais n'est jamais qu'un complément destiné à ajouter au sol ce qui lui manque pour telle ou telle récolte à obtenir au degré qu'on recherche.

chaux, à la chaux, à la potasse et à une matière azotée, je n'entends pas nier l'utilité des autres éléments actifs du sol ; je les supprime, parce que la terre en est déjà pourvue[153]. » — Voulant enfin faire sentir à mes auditeurs toute l'importance des résultats que l'emploi de plus en plus étendu des engrais chimiques est appelé à produire, pour le bien des sociétés, j'ajoutais encore : « Autrefois la somme de matières mises par la nature à la disposition des êtres organisés, dont nous faisons partie, avait ses limites ; tout ce que pouvaient faire les systèmes en usage, était de la maintenir, mais aucun n'était parvenu à l'augmenter. A l'égard des problèmes de la vie et de la population, la puissance de l'homme rencontrait une limite infranchissable. Les nouveaux procédés de culture

153. Mais si la terre de *fertilité moyenne* sur laquelle vous répandez votre prétendu engrais complet est déjà pourvue des éléments actifs que celui-ci ne contient pas, n'est-ce pas parce que le fumier de ferme employé antérieurement en a apporté quelques-uns au moins ? Ce que nous combattons, disons-le de nouveau, c'est l'idée qu'on pourrait entièrement se passer de fumier et n'employer désormais dans une terre quelconque que des engrais chimiques, fussent ceux de M. Ville.

auront pour effet de supprimer cette barrière ; sous leur influence, des matières aujourd'hui sans valeur, qui servent à peine de matériaux de construction et dont la nature possède des gisements inépuisables, se tranformeront en produits végétaux, en fourrages pour nourrir les animaux qui nous alimentent ; en céréales pour produire le pain, la plus précieuse de nos ressources ; de la sorte, le grand courant de matières organisées qui défraye toutes les existences se trouvera grossi de flots nouveaux, et le niveau de la vie ira sans cesse s'élevant à la surface du globe. » (Conférence du 10 juillet 1864, *Moniteur scientifique*, tome VI, page 899.) — Tout cela, dites-vous, est faux[154] ; vous n'y voyez qu'un pur étalage de charlatanisme, pour me servir de vos aménités de langage : soit ; mais souffrez que je replace sous les yeux de vos lecteurs ce que vous avez affirmé et recommandé à l'issue de votre visite

154. Mais où avons-nous nié les quelques vérités énoncées dans ces lignes extraites d'une conférence dont nous ne nous sommes pas occupé ? M. Ville emploie ici une tactique qu'on retrouve souvent chez ceux qui sentent leur défaite ; ils prêtent à leurs adversaires des opinions erronées que ceux-ci n'ont pas émises et qu'il est facile de combattre ; par cette manœuvre ils essayent de masquer leur retraite.

au champ d'expériences de Vincennes[155]. — « Les matières animales viennent des végétaux; quand on les fait retourner à la terre, sous forme d'engrais, on restitue ce qui a été enlevé; on fait une chose utile, mais on n'augmente pas, en fin de compte, la masse des matières organisées qui sont à la surface de notre planète. On ne peut résoudre ce dernier problème qu'en ayant recours aux engrais minéraux existant à l'état de mines dans l'intérieur de la terre. C'est pour cela que nous avons conseillé à M. Cochery de combiner le phosphate minéral avec les nitrates et tous les autres composés salins qu'or peut extraire du sol en différentes localités. M. Cochery, en entrant dans cet ordre d'idées, *arrivera certainement à faire des engrais excellents*, où on pourra peut-être aussi fixer quelques-uns des éléments utiles de l'atmosphère, pour les rendre assimilables par les plantes. *Ce sera étendre le cercle de la vie* à la surface du globe. Ce sera par conséquent rendre un service de l'ordre le plus élevé. » (*Journal d'agriculture pratique*, 1864, tome II, page 174[156].) — N'est-ce pas vous encore

155. Nous ne rétractons rien de ce que nous avons écrit après avoir visité le champ d'expériences de Vincennes; nous avons dit la vérité, et tout, dans notre récit, est d'accord avec le thème que nous soutenons dans notre Trilogie.

156. On pourrait croire, d'après la manière dont

qui avez dit : « Le fait principal qui résulte des expériences de M. Ville, telles qu'elles nous ont apparu à Vincennes, c'est qu'avec certaines combinaisons d'engrais
chimiques, on peut accroître, dans une proportion très-
considérable, la production des céréales. Un mélange
de nitrate de potasse et de phosphate de chaux, ou bien
encore un mélange de nitrate de soude et de phosphate
de chaux, auquel on ajouterait un peu de potasse, serait
un engrais qu'il faudrait *en général conseiller pour suppléer au fumier d'étable.* Dans de tels mélanges, on trouve-
rait en effet les quatre éléments dont la réunion nécessaire est
mise en évidence par les expériences de Vincennes [157]. »
— N'avez-vous pas constaté enfin, qu'avec l'em-

M. Ville a enchâssé cette citation, qu'elle a été
écrite alors que nous revenions de visiter ses expériences de Vincennes. Or c'est plus d'un an
plus tard et à propos d'une revue de toutes sortes
d'engrais que nous avons tracé les lignes ci-dessus, lignes auxquelles nous n'avons d'ailleurs
rien à retrancher.

157. Ceci n'est pas la suite de la précédente
citation, mais est extrait du tome II de 1863 du
Journal d'agriculture pratique, p. 116 ; nous avons
dit en outre, car il faut faire des citations complètes :
« *D'autres éléments en très-grand nombre sont en-*

ploi d'un tel mélange, « la récolte battue sous vos yeux, avait produit, sur le pied de *quarante-sept hectolitres de grains à l'hectare*, alors que le rendement de la terre sans engrais n'avait été que de *onze hectolitres*[155]. » — Ai-je sollicité de vous ces témoignages? Vous ai-je de-

core indispensables à la végétation, mais ils se trouvent dans le sol des champs de Vincennes et dans la plupart des terres arables *en quantités le plus souvent suffisantes.* » Il est donc bien entendu que nous n'avons pas changé de doctrine; nous avons toujours soutenu que les engrais chimiques devaient servir de complément pour le fumier et être ajoutés lorsque certains éléments indispensables à la végétation manquaient dans le sol. Disons encore que les récoltes obtenues après l'application d'un certain engrais ayant enlevé au sol des éléments nombreux, il faut pourvoir alors à leur remplacement. Un seul engrais chimique ne contenant que 4 corps ne peut suffir à maintenir la fertilité d'un sol quelconque.

18. Nous avons ajouté : « Obtenir un tel rendement de récolte pendant trois ans, *s'il a eu lieu pendant trois ans*, et cela avec une dépense de 500 à 600 fr. d'engrais, c'est magnifique.

mandé de visiter le champ de Vincennes? N'est-ce pas vous qui êtes venu à moi, sous la pression des réclamations de vos abonnés? Et puisque vous m'y forcez, souffrez que je rappelle la forme de votre demande : « Je ne suis pas de ceux qui refusent de rendre justice aux gens, parce qu'ils ont à s'en plaindre ou ne les aiment pas. Je voudrais donc voir ; mais c'est là le difficile dans l'état de mes relations avec M. Ville. Pourriez-vous (la lettre était adressée à M. l'abbé Moigno) arranger des rapports de gens du monde entre nous, et alors j'irai à l'une des prochaines leçons, sans aucun parti pris d'hostilité. Si je suis convaincu de la vérité, je le dirai; si je ne suis pas convaincu, JE ME TAIRAI. » (Lettre à M. l'abbé Moigno du 3 juillet 1863 [159].)—A cela quelle fut ma réponse? C'est

Dans la grande culture, les résultats seraient-ils aussi favorables? Obtiendrait-on des récoltes indéfiniment dans le même sol sans employer des engrais susceptibles de se transformer en humus, c'est-à-dire des engrais pailleux? Quelle a été la part des soins particuliers de labour, de division en parcelles, etc.? Enfin, dans des terres d'une autre nature, les mêmes agents exerceraient-ils une action semblable? » — On voit que nous avions exprimé toutes les réserves possibles.

159. Vous nous aviez fait adresser plusieurs

qu'étant revêtu d'un caractère public, mon laboratoire et mon champ d'expériences vous seraient ouverts sans condition. Niez-vous que telle fut ma réponse à votre désir et à vos ouvertures? Et sous l'empire de vos impressions, quel fut votre langage? « Nous allons raconter ce que nous avons vu, en donnant une sorte de procès-verbal de ce que nous avons constaté. Avant tout, nous devons déclarer que M. Ville a mis beaucoup d'empressement à nous montrer les expériences et à répondre aux quelques

provocations directes et publiques par M. Moigno dans son journal *le Cosmos*. D'autres journaux prônant vos expériences avaient dit que, par nous ne savons quels mauvais sentiments de jalousie, nous ne voulions pas faire connaître vos découvertes. Vous êtes venu chez nous nous demander personnellement avec insistance, non pas d'aller vous entendre à Vincennes, mais de venir y constater purement et simplement les faits que nous verrions. C'est ce que nous avons fait. Nous ne nous en repentons pas malgré l'espèce de guet-apens qui nous était tendu, à en juger d'après les citations de lettres qui ne vous étaient pas adressées, et qui n'étaient pas faites pour vous être communiquées et pour être publiées.

questions que nous lui avons adressées. Le laboratoire
de M. Ville, construit rue de Buffon, sur un terrain dépendant du Muséum d'histoire naturelle, est monté sur
une grande échelle; peu de chimistes ont à leur disposition d'aussi vastes salles, des appareils aussi considérables et aussi multipliés, un personnel aussi nombreux ; là
se font sous de belles serres des expériences de végétation, dans des terrains absolument stériles, sous l'influence de divers agents : la photographie est chargée
d'enregistrer les résultats, en même temps que les analyses chimiques les calculent. C'est une véritable administration dont nous ne connaissons d'analogue que celle
des laboratoires de MM. Lawes et Gilbert à Rothamsted
en Angleterre [160]. » — Je me borne à ajouter que la confé-

160. M. Ville a été comblé de faveurs de tous
genres lors de l'établissement du laboratoire qui
été construit au Muséum d'histoire naturelle
pour servir à ses expériences. Jamais l'État n'avait
dépensé des sommes aussi considérables même
pour les savants les plus illustres, pour les auteurs des plus grandes découvertes. Ainsi rien
ne lui a manqué pour féconder ses recherches,
rien que le germe nécessaire, le génie qui engendre les inventions utiles. Nous eussions été
heureux d'applaudir, si du laboratoire de M. Ville

rence de la Sorbonne ne contient rien que vous n'ayez ainsi vu et constaté. — Et si vous n'étiez pas convaincu de la haute efficacité des engrais chimiques, auriez-vous conseillé à M. Cochery, comme vous venez d'en faire l'aveu, de fabriquer des mélanges à base de nitrate et de phosphate de chaux, affaire dans laquelle vous et votre fils vous vous étiez réservé un intérêt, comme cela résulte de la déposition de M. Cochery à la Commission chargée de l'enquête sur les engrais [161] ? — Si votre conviction n'avait

il fût sorti une découverte quelconque, un service rendu à la science ou à l'agriculture. Mais nous cherchons en vain jusqu'à ce jour le fait utile nouveau mis en évidence par le professeur de physique végétale du Muséum.

161. Le prétendu réformateur de l'agriculture essaye d'interpréter méchamment contre nous les faits les plus simples. Comme nous ne voulons pas laisser la calomnie faire son chemin, nous donnerons des explications. — La vérité est que l'on est venu nous demander nos idées sur la meilleure manière d'employer les phosphates fossiles comme engrais. Nous avons répondu en conseillant leur association avec des matières azotées et des sels alcalins. — La vérité est en-

pas été formelle, eussiez-vous composé un volumineux mémoire sur le phospho-guano, que votre journal a distribué sous forme de prospectus? Mais puisque le phospho-guano se présente sous ma plume, souffrez que je sollicite de votre loyauté un éclaircissement. Ce mé-

core que l'on a offert la position de directeur de la fabrication des engrais, faits selon nos idées, à l'un de nos jeunes fils qui venait d'achever ses études et qui cherchait à se créer une carrière. Fallait-il donc refuser net? On sollicitait seulement des essais; on ne prenait que des brevets provisoires; il ne devait y avoir rien de définitivement conclu avant des expériences décisives sur les effets que produiraient les engrais; ceux-ci ne devaient être mis dans le commerce qu'après la démonstration de leur efficacité prouvée par deux récoltes successives. Enfin nous restions maître de rompre tout pourparler, après que nous aurions réfléchi. Nous avons pris un délai pour nous déterminer; mais, sans attendre les résultats des expériences qui, bien dirigées, ont parfaitement réussi, nous n'avons pas tardé de conseiller à notre fils d'entrer dans une autre carrière que celle de la fabrication et du com-

moire a-t-il été composé à la demande des intéressés, ou devons-nous lui attribuer le caractère plus austère d'une œuvre due à l'initiative de votre esprit de recherche et propre alors à nous éclairer sur le degré d'originalité de

merce des engrais. Nous avons mis fin à toutes les négociations sans retirer un centime du travail fait ni d'aucune consultation. Quant à M. Cochery, qui nous avait fait les propositions dont il s'agit, il a aussi de son côté tenu dans cette affaire la conduite la plus loyale. — Et ce sont de tels faits qu'on voudrait incriminer! Les pères de famille seront juges. — Ce n'est pas la seule fois que du reste on nous a offert des intérêts dans des affaires d'engrais, et toujours nous avons refusé comme nous refuserons toujours. Il y a sans doute injustice flagrante à proscrire l'industrie des engrais comme si elle était malsaine ou indigne. Il faut la relever dans l'estime publique. Néanmoins nous avons dû nous en éloigner, nous et les nôtres, pour mettre un frein aux calomnies. Mais toutes les idées que nous avons émises sur l'utilité de certains engrais artificiels restent vraies. Elles n'ont d'ailleurs jamais eu pour but de faire croire qu'un engrais

vos conceptions et la diversité de vos aptitudes[162]? — Depuis cinq ans, je m'efforce de faire créer l'escompte à quinze mois en faveur du commerce des engrais, cette mesure étant à mes yeux la conséquence obligée du régime de la liberté du commerce, auquel nous sommes soumis. Vous déclarez cette pensée détestable; voici pourtant ce que vous-même avez écrit : « Au lieu de se redouter les uns les autres, les fabricants d'engrais devraient chercher

quelconque puisse remplacer à tout jamais le fumier; un engrais quel qu'il soit, peut seulement compléter le fumier de ferme et concourir avec lui à la fertilisation des terres.

162. L'ironie pourrait être charmante, si elle ne portait à faux. En 1862, à l'exposition universelle de Londres, nous avons étudié le phospho-guano mis dans le commerce anglais par le respectable M. Lawson, d'Édinburgh. C'était notre devoir à tous les points de vue, comme membre du jury international, et comme publiciste. Nous avons fait connaître les résultats de notre travail, ainsi que MM. de Liebig, Hofman, Thomas Way, et plusieurs autres chimistes ont fait avant nous. Nous avons en outre trouvé dans la propagation du phospho-guano un moyen

à créer une association de crédit, où ils pourraient réunir des capitaux qui leur permettraient d'attendre que les agriculteurs eussent fait leurs récoltes pour payer les engrais confiés à la terre. » La mesure est donc bonne; seulement vous la croyez réalisable par l'initiative de l'industrie privée, et moi je ne la crois possible qu'avec l'attache et le concours de l'État. En quoi cette différence dans ces deux modes de réalisation peut-elle justifier l'ir-

d'empêcher les marchands de guano de toujours augmenter le prix de vente de leurs engrais. Naturellement les intéressés dans le phospho-guano ont profité de notre travail, comme M. Ville a su tirer parti, ainsi qu'on l'a vu plus haut, du procès-verbal de notre visite au champ d'expérience de Vincennes; au contraire, les intéressés dans le guano du Pérou, que nos idées ont paru gêner, nous ont fait attaquer. Nous ne songeons pas à empêcher tout cela. Nous continuerons à suivre notre chemin comme par le passé, en repoussant toute attache avec le commerce et l'industrie, et sans nous émouvoir du mécontentement de ceux que contrarient nos publications, non plus que de l'appui qu'y trouvent ceux dont elles peuvent favoriser les intérêts.

ritation que vous cause la conférence de la Sorbonne [163]?
Au surplus, je crois que nous allons assister, sur ce point,
à une nouvelle évolution de votre part. On me fait remarquer que vous annoncez, dans votre dernière chro-
nique, que le Crédit agricole est à la veille d'ouvrir des
crédits à longs termes pour achats d'engrais. La forme
de cet avis indique que vous approuvez cette disposition.
Ainsi, la mesure vient-elle de moi, elle est mauvaise; sa
réalisation a-t-elle lieu sans ma participation, elle est excellente! J'attends la fin de cette nouvelle évolution, car
alors le moment sera venu de livrer à la publicité certains documents dont vous paraissez ignorer l'existence, et
de faire à chacun sa part dans la nouvelle décision que
prend aujourd'hui le Crédit agricole [164]. — Je crois avoir ré-

163. La conférence de la Sorbonne ne nous a
causé aucune irritation. Les rivalités personnelles
sont au-dessous d'un débat où il s'agit de savoir
s'il convient que l'agriculteur cherche le crédit
près d'institutions locales dues à l'initiative des
particuliers ou bien près de l'État lui-même. Il y a
un tel abîme entre les deux manières de procéder
qu'on doit s'étonner de voir M. Ville trouver la
différence trop petite pour motiver un dissentiment.

164. Nous avons applaudi et nous applaudis-

pondu à tout ce que vos critiques pouvaient avoir de général et de sérieux. Malgré la longueur de cette lettre, je ne puis cependant déposer la plume sans vous montrer, sur un point de fait, dans quelle étrange méprise vous êtes tombé pour avoir voulu rectifier les chiffres rapportés dans mes conférences. — Vous dites : « Mais tous ces calculs sont erronés : ainsi, 1,000 kilog. de fumier contiennent, en moyenne, 6 kilog. d'azote (voir l'*Économie rurale*, de M. Boussingault, tome II, page 87, et tous les autres auteurs), par conséquent, 20,000 kilog. de fumier en « contiendraient 120 kilogrammes et non pas 83 kilogrammes. » Je vous renvoie vous-même à la citation que vous invoquez, bien sûr qu'avec un peu plus d'attention, vous reconnaîtrez l'erreur que vous avez commise. Il est bien vrai que l'ensemble des fumiers dont M. Boussingault rapporte l'analyse conduit à la moyenne[165]

sons tous les jours les décisions que prennent les institutions de crédit lorsque ces décisions sont favorables à l'agriculture; nous les critiquons dans le cas contraire; il y a loin de cette conduite à demander à l'État 100 millions pour acheter des engrais.

165. Comme nous avons dit que le fumier contient *en moyenne* 6 kilogr. d'azote pour 1,000 parties, et que M. Ville convient que le tableau de M. Boussingault conduit à cette moyenne, il n'est

de 6 kilogrammes pour 1000, mais le fumier de Bechelbronn, pris comme type dans la discussion des assole-
ments, n'en contient que 4 kilogrammes 1/10, ce qui,
multiplié par 20,000 (vingt mille), produit 82 kilogrammes. Pour vous convaincre enfin que M. Boussingault n'a
pas employé la moyenne générale, mais le chiffre que
vous me reprochez d'avoir cité, reportez-vous à la page 187
du même volume. Là vous trouverez résumée dans un tableau spécial la balance du système triennal, et vous y
verrez figurer l'azote de l'engrais pour 82 kilogrammes
8/10; dans le même tableau, vous verrez encore que la
dose afférente à la rotation de trois années n'est pas de
30,000 kilogrammes, comme vous l'affirmez, mais de
20,000 kilogrammes seulement, comme je l'ai avancé[166].—

pas de discussion qui puisse démontrer que nous
avons commis la moindre erreur.

166. M. Ville a traité dans sa conférence une
question générale; il a soutenu que l'assolement
triennal entretenait la fertilité des domaines qui
y sont soumis, et il a pensé démontrer ainsi la
bonté de son propre système cultural par l'emploi exclusif des engrais chimiques. Il eût dû
employer pour sa démonstration les chiffres
moyens de la composition chimique du fumier.
— M. Boussingault, au contraire, s'est occupé dans

Plus loin, vous dites encore, à propos de a proportion d'acide phosphorique que j'attribue à 20,000 kilogrammes de fumier : « Chiffre également faux ! En effet, 1,000 kilogrammes de fumier renferment 4 kilog. 82 centièmes d'acide phosphorique ; par conséquent, dans 20,000 kilogrammes de fumier, il y a 96 kilogrammes d'acide phosphorique au lieu de 39 kilogrammes. » — Vous n'indi-

les pages auxquelles nous renvoie M. Ville, de ce qui pouvait se passer dans un *domaine particulier*, celui de Bechelbronn, et dès lors l'illustre agronome s'est servi dans ses calculs non pas des chiffres moyens, mais des *chiffres particuliers* aux récoltes et aux engrais de ce domaine. — Nous savons bien que dans l'assolement triennal on n'emploie souvent que 20,000 kilogr. de fumier pour trois ans ; nous pourrions même ajouter que plus souvent encore on fait usage d'une fumure moins considérable. Mais ce que nous avons soutenu, c'est que 20,000 kilogr. sont insuffisants pour entretenir la même fertilité, et c'est ce que M. Boussingault a conclu de sa discussion. — Or M. Ville, au contraire, voudrait en tirer la preuve de la bonté d'un système aujourd'hui justement condamné.

quez pas cette fois où vous avez pris le chiffre de 4 kilog. 82 centièmes [167]; mais si vous voulez vous reporter à la page 116 du tome II de l'*Économie rurale*, vous trouverez à la première ligne que le fumier sec contient 10 pour 1,000 d'acide phosphorique, ce qui, à raison de 79 3/10 pour 100 d'eau, que contient le fumier frais, réduit la proportion de cet acide dans le fumier frais à 2 pour 1,000, soit donc encore 40 kilogrammes d'acide phosphorique pour 20,000 kilogrammes. Doutez-vous que ce chiffre soit bien celui qu'admet M. Boussingault dans ses calculs? Reportez-vous à la page 221, et vous acquerrez la preuve que, pour 49,086 kilogrammes (ce chiffre est extrait du tableau de la page 184 du tome II) de fumier que comporte cet assolement, la dose de l'acide phosphorique est de 98 kilogrammes, ce qui conduit à 39 kilog. 9/10 pour 20,000 kilogrammes [168].— Je sais combien les erreurs de

167. Mais nous avons pris notre chiffre de 4.82 dans la table même des équivalents des engrais reposant sur la richesse en acide phosphorique. Comment se fait-il que M. Ville ne connaisse pas et n'ait jamais employé cette table nécessaire cependant pour faire les calculs de toute balance d'assolement?

168. Mais monsieur Ville, vous méritez vraiment le reproche de légèreté que vous voulez nous adres-

chiffres sont faciles à commettre; celles dans lesquelles vous êtes tombé prouvent cependant que vous avez mis trop de précipitation dans vos recherches[169]; elles prouvent encore que ces questions ne vous sont pas aussi familières

ser. Si, à la première ligne du tableau de la page 116 du tome II de *l'Economie rurale* à laquelle vous nous renvoyez, on lit 1 d'acide phosphorique pour 100 d'un fumier sec contenant 79.3 d'eau pour 100, il ne s'agit là que d'un fumier particulier, de celui de Bechelbronn. A la septième ligne, M. Boussingault donne les chiffres qui se rapportent au fumier moyen et ils sont bien de 1.45 d'acide phosphorique dans 100 de matière sèche, le fumier contenant 66.7 d'eau pour 100; de là on conclut rigoureusement 4.82 d'acide phosphorique dans 1,000 de fumier à son état ordinaire. Or qui pourrait raisonnablement soutenir que dans une discussion générale, il ne faut pas préférer des données moyennes à des données particulières? Nous avons donc justement critiqué la mauvaise méthode de démonstration du prétendu réformateur de l'agriculture.

169. On vient de voir que nous n'avons commis aucune des erreurs de chiffres que l'on entend

que votre ton si affirmatif pourrait le faire croire à vos abonnés, et qu'en somme, comme je vous le disais en commençant, vous êtes entré dans cette discussion sans y être suffisamment préparé. — De tout ceci, quel enseignement faut-il tirer ? Un enseignement triste : vous faites passer vos antipathies et vos prédilections personnelles avant les questions de principe et d'intérêt public[170]. La situation de notre agriculture est pourtant bien grave. La récolte de blé, à ce qu'il paraît, ne se présente, ni dans la Brie ni dans la Beauce, sous de favorables auspices ; or, si à la nécessité de lutter contre l'importation viennent s'ajouter les mécomptes d'une récolte médiocre, cette situation s'aggravera encore, et pèsera plus spécialement sur la classe si intéressante et déjà si rudement

nous reprocher. C'est notre contradicteur qui a mis trop de précipitation à nous répondre. Il n'a pas laissé, par exemple, à ses yeux le temps de descendre de la première ligne d'un tableau à la septième ; il n'a pas permis à son esprit, si supérieur pourtant, de se garder de prendre un cas particulier pour une généralité.

170. Nos prédilections sont pour la vérité ; nos sympathies pour ceux qui cherchent à la découvrir sans souci de leurs intérêts particuliers.

éprouvée des petits propriétaires[171]. En présence d'une telle éventualité, le devoir de chacun est tout tracé; il m'a paru que le mien était de faire connaître à l'agriculture les conditions qui président à l'action des engrais artificiels[172].— J'ai pensé, en outre, qu'au moment où une enquête agricole va s'ouvrir sur tous les points du territoire, il fallait redoubler d'efforts pour obtenir en faveur

171. Le fait a montré qu'il n'y a plus eu lieu de lutter contre l'importation par la demande d'un droit plus élevé; les cours des grains se sont tout simplement relevés dans une mesure qui n'a pas pesé trop lourdement sur les consommateurs et a satisfait le producteur.

172. Ce qu'il fallait dire aux agriculteurs, c'est que des engrais artificiels peuvent être employés pour compléter le fumier, pour suppléer à son insuffisance, là où l'on n'en a pas assez, ou bien encore là où il ne présente pas une composition en rapport avec les nécessités de la végétation et la nature du sol arable. Un vrai savant ne devait pas professer qu'il était possible sur une terre quelconque de se passer indéfiniment du fumier et de le remplacer à tout jamais par quatre sels minéraux.

de l'industrie agricole les bénéfices du crédit, et j'ai demandé spécialement l'escompte à quinze mois en faveur des engrais, parce que cette nature spéciale de crédit s'applique aux besoins les plus urgents de l'agriculture et aux opérations les plus immédiatement rémunératrices. Je persiste à penser qu'en faisant ainsi, j'ai agi dans l'intérêt du bien public. J'ajoute que ma confiance va même jusqu'à me persuader que, lorsque la réflexion aura ramené le calme dans votre esprit, vous ne pourrez manquer de le reconnaître vous-même [173]. — Dans le cours de ma carrière, je n'ai jamais pris l'initiative d'une attaque contre personne, mais je n'ai jamais évité la discus-

173. Si toujours nous avons encouragé les tentatives faites pour créer le crédit agricole, nous avons eu soin de signaler le grave danger que présentent les monopoles. Que librement se forment des sociétés qui prêtent à quinze mois pour toute espèce d'opération agricole, nous applaudirons ; que l'on trouve les conditions de la réalisation d'une telle idée, nous applaudirons encore ; mais, dans l'intérêt même de l'agriculture, nous ne demanderons jamais que l'État fasse directement ou indirectement l'avance de 100 millions pour achat d'engrais, selon le projet du réformateur que nous réfutons.

sion lorsqu'on m'y a provoqué. — J'ajouterai que l'attitude que vous avez prise en cette circonstance et le défaut d'impartialité dont vous venez de faire preuve, par la forme inutilement agressive de vos articles, m'amènent, quelque répugnance que j'en éprouve, à placer ma réponse sous la protection de la loi.

La péroraison de cette réponse du prétendu réformateur de l'agriculture par les engrais chimiques substitués au fumier de ferme, nous oblige à citer ici des faits.

M. Ville prétend n'avoir jamais pris l'initiative d'une attaque contre personne ; il est bien oublieux. Il a perdu la mémoire de sa conduite envers notre illustre maître, M. Boussingault, et envers les illustres professeurs du Muséum d'histoire naturelle qui déplorent de l'avoir pour collègue.

Quel est, en effet, l'homme qui a dénoncé les professeurs du Muséum au Ministre de l'instruction publique et à l'Europe ? Et quel rôle a joué cet homme ? — Voici la réponse que fait à ces questions un document officiel publié par M. Chevreul, le vénérable doyen et le plus respecté des chimistes de notre époque. On lit dans une lettre du loyal général Favé, aide de camp de l'Empereur, membre de la Commission chargée de faire une enquête sur les services du Muséum d'histoire naturelle et de proposer les changements à faire à son organisation :

« Un professeur du Muséum, récemment nommé à une chaire de nouvelle création, se chargeait de diriger la Commission, et il la conduisit non-seulement dans les galeries, mais dans des greniers ou dans de petites pièces servant de magasins, en signalant le désordre, l'incurie ou les fautes. Une Sous-Commission fut nommée pour faire une enquête approfondie sur l'état de toutes les collections et sur la manière dont le service en était fait. J'étais membre de cette Sous-Commission ; à sa première séance, le nouveau professeur dont j'ai parlé demanda que les professeurs ses collègues ne fussent pas présents à la visite de la Sous-Commission dans leurs galeries, parce que, dit-il, les subordonnés ne seraient pas assez libres de répéter devant la

Sous-Commission les déclarations qu'ils avaient faites à lui-même. Je m'élevai avec une vivacité extrême contre cette proposition, qui m'apprenait une chose dont j'étais vivement peiné, c'est qu'il y avait eu, avant l'organisation de la Commission, appel aux déclarations de l'inférieur contre le supérieur, et cela de la part d'un collègue des professeurs, lequel devenait à la fois, devant la Commission, accusateur et juge. On prétendit, en me répondant, que rien ne s'était fait qu'avec l'autorisation du Ministre et par son ordre. Je demandai que la Sous-Commission fît son enquête aussi approfondie qu'il serait possible, mais qu'elle jugeât par elle-même et qu'elle ne fît rien de contraire à la loyauté et à l'impartialité. J'obtins encore que les professeurs ne seraient point traités comme des prévenus et que chacun d'eux serait présent à l'enquête qui serait faite dans la collection dont il était chargé. Les divergences de vues étaient trop grandes pour qu'il n'y eût pas diversité dans la manière de procéder ou d'apprécier, et pour que les discussions ne prissent pas parfois une grande vivacité. Pendant les premiers jours surtout je ne pouvais laisser sans protestation opérer comme le faisait un membre de la Sous-Commission, celui qui appartenait depuis peu au Muséum, qui avait pris note à l'avance de tout ce qu'il y avait de défectueux dans la salle où on entrait, et qui faisait incrire immédiatement toutes ses critiques au procès-verbal. Je demandai alors que la Sous-Commission ne fût pas ainsi obligée de procéder dans ses opérations par la constatation seule de tout ce qui pouvait être mauvais, mais qu'elle cherchât le bien comme le mal, appréciant l'un et l'autre dans la proportion où ils se présenteraient à elle, non-seulement sans parti pris, mais sans aucune indication provenant d'une enquête secrète et antérieure. »

Voilà comment s'est conduit à l'égard de ses collègues du Muséum celui qui prétend aujourd'hui n'avoir jamais attaqué personne.

Et à l'égard de M. Boussingault, qui l'avait accueilli dans son laboratoire et dont il avait été le préparateur, n'a-t-il pas profité d'une époque de troubles politiques, pour faire destituer son maître de sa place de professeur au Conservatoire des arts et métiers et pour se faire nommer titulaire de la chaire d'où tombait le plus illustre de nos agronomes? Le Prince président de la République, mieux éclairé, n'a-t-il pas dû rapporter quelques jours après les décrets qui lui avaient été surpris. Le *Moniteur* de décembre 1851 contient ces documents historiques que l'on nous force de rappeler pour l'édification du public agricole. Quant à nous, nous ne connaissons rien de plus blâmable que de profiter de troubles politiques pour monter à l'assaut des positions scientifiques, qui ne devraient être dues qu'au talent et aux services rendus à la science. Combien la chose est plus triste lorsque de pareilles escalades exigent que celui qui veut profiter du moment pour arriver renverse ceux dont les opinions passent pour être celles des vaincus de telles journées.

Dans nos notes critiques nous n'avons abordé les questions personnelles que parce que nous y avons été forcé. Nous avons hâte de revenir sur le terrain scientifique. Qu'importe un succès de polémique, succès d'un moment; il ne vaut pas la peine qu'il donne. Avoir tort sur un fait, méconnaître une découverte ou une invention utile, causerait, au contraire, un mal considérable à celui qui doit son crédit auprès des agriculteurs à ce qu'il est bien avéré qu'il dit toujours ce qu'il croit vrai.

Au-dessus de toutes les questions agitées dans les pages précédentes, il plane une question de méthode sur laquelle il y a intérêt à s'expliquer.

Le reproche principal que nous faisons à M. Ville, c'est que, prétendant démontrer qu'on peut remplacer le fumier de ferme par des engrais chimiques, il n'a pas pris la précaution élémentaire que prennent ceux qui savent faire des expériences sur les engrais. Il devait mettre du fumier de ferme sur quelques parcelles, pour une somme équivalente à la valeur des engrais employés sur les parcelles de comparaison intercalées entre les premières. Nous posons en fait que si l'on employait sur un hectare pour 500 fr. de fumier de ferme, on obtiendrait de plus beaux résultats que ceux que donnent les 500 fr. d'engrais de M. Ville. A Vincennes notamment, pour 500 fr. on aurait 100,000 kilogr. de fumier; or, les agriculteurs savent ce que donnerait une fumure de 100,000 kilogrammes de fumier même de médiocre qualité. Ainsi les expériences de Vincennes qui servent de base à toute la thèse de M. Ville, sont entachées d'un vice capital. Elles n'ont aucune valeur ni scientifique, ni pratique; par suite, le système tout entier ne résiste pas à l'examen.

Quant aux quelques expériences faites ailleurs par divers agriculteurs et que l'on a invoquées pour répondre à notre objection, elles manquent aussi de précision. Il n'en est aucune qui réunisse les conditions nécessaires. Les terres fumées qui ont servi de termes de comparaison, n'étaient pas identiques à celles ayant reçu l'engrais chi·mique. En outre, nulle part, on n'a fait durer les essais comparatifs un nombre d'années suffisant. Comment dès lors soutenir, d'après des expériences si mal combinées, qu'une réforme radi-cale peut être accomplie dans la pratique de l'a-griculture?

IV

Une conclusion doit sortir de la discussion que le lecteur a sous les yeux. Il faut la chercher. Il est nécessaire que cette conclusion soit claire pour tout le monde ; elle doit porter la conviction dans tout les esprits. Or on va reconnaître combien il est facile de dissiper tous les doutes.

M. Ville n'admet pas que la potasse et l'acide phosphorique soient produits par les plantes, ni empruntés, en quantité suffisante même pour une moyenne récolte, à l'atmosphère. En conséquence, nous pouvons calculer si l'engrais de M. Ville, donné pour quatre ans à un hectare, apporte au moins autant que les récoltes enlèvent. Il est évident que, si l'importation par l'engrais n'est pas au moins égale à l'épuisement que les récoltes causent en principes minéraux, la fumure par les engrais chimiques sera insuffisante ; elle produira nécessairement la stérilité dans un temps plus ou moins long.

Le prétendu réformateur de l'agriculture suppose toujours qu'il applique sa réforme à des terres d'une fertilité moyenne. C'est un moyen de dissimuler pendant quelques années l'échec fatal auquel il aboutira. Or, il importe de dissiper toutes les illusions. Les engrais chimiques ont souvent la vertu de donner beaucoup d'activité à la végétation; dans une terre de fertilité moyenne, ils font que tout d'un coup cette fertilité se manifeste; ils n'ont pas d'autre pouvoir.

Il ne faut pas se figurer que quelques engrais chimiques ont le privilége de faire naître des corps minéraux; ils ne peuvent que faciliter la transformation de la matière. N'est-il pas évident, du reste, que l'excédant des principes exportés par les récoltes est pris au sol lui-même, dont le degré de fertilité moyenne diminue peu à peu.

Voyons d'ailleurs sur ce point fondamental les faits et les chiffres; ils sont éloquents et ils ne peuvent être accusés d'avoir un parti pris.

L'engrais chimique, que l'on a appelé complet en commettant une erreur capitale, puisqu'il ne contient qu'un petit nombre des corps utiles aux plantes, renferme, d'après la dose conseillée par hectare et pour quatre ans (voir p. 246), les éléments suivants.

	kil.
Azote..	137
Acide phosphorique..............................	200
Potasse réelle....................................	184
Chaux réelle.....................................	350
Acide sulfurique et matières étrangères diverses.	679
Total égal............	1,550

Nous nous bornerons à rechercher si l'apport des quatre premiers corps est suffisant, pour subvenir aux récoltes demandées à la terre de fertilité moyenne sur laquelle on suppose toujours que l'on opère.

Nous laisserons de côté les matières accessoires qui se trouvent dans l'engrais du réformateur de l'agriculture, puisqu'il suppose qu'elles n'ont aucun rôle à remplir.

Nous remarquerons, d'ailleurs, que nous avons supposé une richesse supérieure à celle que l'on trouvera dans les substances chimiques du commerce les plus pures. Il n'en sera pas ainsi généralement. Ainsi la maison Huvelle et Couvreur, quai de la Marne, 8, à la Villette, annonce fabriquer les engrais de M. Ville sur une large échelle et les livrer à l'agriculture soit isolés, soit mêlés à la dose prescrite par le professeur, à raison de 25 francs les 100 kilogrammes ; cette maison dit qu'il suffit d'employer 1,200 kilogrammes dans un sol absolument dépourvu de tout agent de fertilité, et à des doses moindres dans les sols ordinaires suivant leurs besoins présumés d'engrais. Or, de l'engrais de cette maison Huvelle et Couvreur, donné comme l'engrais complet de M. Ville, ne nous a fourni à l'analyse, que 5 pour 100 d'azote, 15 pour 100 d'acide phosphorique, 8 pour 100 de potasse. Une fumure de 1,200 kilogrammes ne coûterait que 300 francs, mais elle n'apporterait au sol que 69 kilogrammes d'azote, 180 kilogrammes d'acide phosphorique, 80 kilogrammes de potasse, c'est-à-dire beaucoup moins que nous ne le supposons en partant de la composition que nous venons de calculer d'après la formule de la page 216 de ce volume donnée par M. Ville lui-même.

Cela posé, calculons la quotité des principes azotés, phosphorés et potassiques que les récoltes enlèvent au sol.

Tout d'abord, examinons ce qui se passerait dans l'assolement quadriennal proposé par M. Ville comme étant le type le plus propre à préserver l'agriculture de toute crise. Cet assolement est le suivant : première année, turneps; deuxième année, blé; troisième année, trèfle; quatrième année, blé. M. Rohart a fait le calcul dans le *Journal de l'Agriculture* (t. II de 1867,

p. 414). Les résultats qu'il a obtenus peuvent se
représenter de la manière suivante:

	Azote. kil.	Acide phos- phorique. kil.	Potasse. kil.	Chaux. kil.
Turneps................	175.0	59.1	328.5	100.6
Blé...................	76.2	39.5	35.2	39.9
Trèfle................	102.4	19.4	84.0	76.3
Blé...................	76.2	39.5	35.2	30.9
Totaux dans les récoltes..	429.8	157.5	482.9	247.7
— dans l'engrais Ville.	137.0	200.0	184.0	350.0
Manquants dans l'engrais.	292.8	»	298.9	»
Excédants..............	»	42.5	»	102.3

Ainsi, la récolte causera dans le sol un déficit
considérable en matières azotées et en potasse!

Comment la fertilité de la terre arable pourrait-
elle donc se maintenir dans un tel système? n'est-il
pas évident que la ruine du domaine rural serait
prochaine? Ce n'est certainement pas parce que
la terre recevrait un accroissement de richesse en
acide phosphorique et en chaux que la fertilité
pourrait se conserver en potasse ou en matières
azotées.

Pour faire ces calculs on a supposé que toutes
les denrées produites dans l'assolement, étaient
vendues, que l'on ne faisait pas de fumier dans
la ferme; c'est le système du réformateur pris
dans son sens absolu.

Mais, chose bien plus forte, lors même qu'on ferait du fumier avec la paille du blé récolté et le trèfle, la balance ne pourrait pas encore se soutenir. Ainsi on garderait alors dans le domaine:

	Azote. kil.	Acide phos- phorique. kil.	Potasse. kil.	Chaux. kil.
Paille de blé..........	36.0	21.6	66.8	59.4
Trèfle	102.4	19.5	34.1	76.3
Totaux.......	138.4	41.1	150.9	135.7

Le déficit en matières azotées et en potasse serait diminué par cette manière d'opérer qui se rapproche davantage du mode habituel, c'est-à-dire du système que veut renverser le prétendu réformateur de l'agriculture, mais il manquerait encore 154 kilogr. d'azote et 148 kilogr. de potasse. Ainsi malgré la dépense de plus de 500 fr., consacrée à l'achat d'engrais de M. Ville, et tout en transformant en fumier la paille et le trèfle, produits en suivant son assolement quadriennal, on arriverait fatalement à ruiner la terre. Or, en employant concurremment avec le fumier d'étable d'autres engrais, des tourteaux, par exemple, ou d'autre matières convenablement choisies, pour une valeur moindre que celle consacrée à l'achat du prétendu engrais-complet, on arriverait facilement, dans un grand nombre de nos fermes, qui n'ont pas de prairies irriguées, non pas seulement à entretenir, mais encore à accroître la fertilité des champs. On résout mieux encore et plus facilement le problème, si l'on a le bonheur de posséder des prés.

Mais il faut bien qu'on le sache, partout où l'on est arrivé à donner à la terre la puissance de produire, en moyenne, par hectare et par an, de 30 à 35 hectolitres de blé et les autres récoltes en proportion, il faut avoir recours à des fumures d'environ 30,000 kilogrammes, également par hectare et par an. Le fumier ne revient, dans ces exploitations rurales bien dirigées, qu'à environ 6 fr. les 1,000 kilogrammes. C'est ce que nous avons constaté en étudiant avec soin l'agriculture du nord de la France. Partout les produits sont en proportion des engrais. Du reste, il est facile de voir qu'avec une telle fumure, qui est réellement en usage dans les fermes à grands rendements, on satisfait à toutes les conditions, non-seulement d'équilibre, mais encore d'enrichissement du sol, même avec l'assolement quadriennal de M. Ville.

En effet, le fumier de ferme moyen renferme, pour 1,000 kilogrammes, 6 kilogrammes d'azote, 4.82 d'acide phosphorique, 4 de potasse et 5 de chaux, sans compter, bien entendu, une foule d'autres matériaux utiles à la végétation. Par chaque hectare, en quatre ans, on rendra donc à la terre au moyen de la fumure que nous signalons :

	kil.
Azote	720
Acide phosphorique	578
Potasse	480
Chaux	600

Or la récolte totale n'aura pris que :

	kil.
Azote	430
Acide phosphorique	158
Potasse	483
Chaux	248

Il y aura donc à peu près équilibre pour la potasse, et un enrichissement considérable pour les trois autres sortes de composés.

Les chiffres qui représentent la quotité des principes enlevés par les récoltes pourront beaucoup varier selon le mode d'assolement suivi. Le comte de Gasparin a, en effet, parfaitement mis en évidence les exigences particulières des différentes plantes pour les principaux corps qu'on rencontre dans chacune d'elles (Voir *Cours d'agriculture*, t. VI, p. 122 et suiv.). « L'art de l'agriculture, disait-il en 1855, consiste à rechercher l'engrais *complémentaire* qui, selon le sol et selon l'espèce de plante cultivée, contient le plus grand nombre possible de corps utiles à la végétation. »

Les agriculteurs savent d'ailleurs que le fumier d'étable est loin d'avoir une composition constante ; aussi attachent-ils une grande importance à sa bonne confection.

D'après les analyses dues à M. Boussingault et que l'illustre agronome a rapportées dans son excellent opuscule, intitulé la *Fosse à fumier* (1858), le fumier présente les énormes variations suivantes :

Eau	de 58.00 à 83.00	pour 100		
Azote	de 0.41 à 0.82	—	»
Acide phosphorique	de 0.20 à 0.72	—	»
Potasse	de 0.09 à 1.70	—	»
Chaux	de 0.27 à 0.92	—	»
Magnésie	de 0.13 à 0.37	—	»
Soude	de 0.02 à 0.09	—	»
Acide sulfurique	de 0.08 à 0.23	—	»
Oxydes de fer et de manganèse	de 0.02 à 0.40	—	»
Silice soluble (assimilable)	de 0.10 à 0.30	—	»
Sable et argile	de 0.20 à 4.00	—	»
Matières organiques totales	de 11.00 à 29.00	—	»
Matières minérales totales	de 2.00 à 11.00	—	»

On comprend, d'après ce tableau, quand, en outre, on sait combien est variable aussi la composition des diverses récoltes, qu'il soit souvent nécessaire d'ajouter au fumier ordinaire, produit dans la ferme, divers engrais du commerce, qui sont alors *complémentaires*. Il faut consulter pour cela et les besoins des plantes, et la constitution chimique, physique, géologique, et même topographique du sol arable. Il n'y a aucun engrais que l'on puisse regarder comme étant complet. C'est tromper le cultivateur que de lui présenter quelques composés chimiques comme pouvant entretenir indéfiniment la fertilité d'une terre.

On vient de voir quels tristes résultats produirait une prétendue réforme, qui voudrait faire croire qu'on pourrait se passer de fumier. Elle conduirait à une ruine inévitable, plus vite encore qu'il ne paraît d'après la seule considération du déficit constaté en matières azotées, en potasse, en acide phosphorique. Le désastre serait immense, car il manquerait bientôt à la terre un nombre considérable des autres éléments que le fumier ordinaire restitue. Les matières organiques surtout, qui forment l'humus et qui rentrent dans le sol à la dose de 110 à 290 kilogrammes, quand on répand 1,000 kilogrammes de fumier, viendraient à faire défaut. Or, une terre sans humus n'est plus dans les conditions régulières de culture ; elle cesse de conserver l'humidité nécessaire à la nutrition des plantes, et de présenter les pores indispensables à la circulation de l'oxygène autour des racines et à la réalisation des phénomènes de capillarité en vertu desquels ont lieu l'élaboration et l'ascension de la séve ; elle ne peut plus donner lieu aux phénomènes de nitrification si utiles à la végétation. C'est donc à un véritable désastre que conduiraient les conseils de ceux qui pensent que des engrais chimiques, d'une composition déterminée et toujours la même, pourraient être substitués au fumier. L'agriculture après chaque récolte ne reconstituerait plus le sol dans des conditions de fertilité plus grande, nécessité impérieuse de sa prospérité.

Quelques engrais employés dans une terre riche et bien labourée font que tout d'un coup cette terre fournit un rendement considérable. On a raison de les employer de temps en temps et avec mesure ; on tire ainsi du sol de forts revenus momentanés. Mais il faut prendre bien garde de ne pas abuser. La terre a besoin d'être ménagée. Le bon cultivateur s'empresse de lui rendre tous les éléments qu'il lui a enlevés par une culture très-intensive. S'il fait produire beaucoup à ses champs, il a soin en même temps d'augmenter, par tous les moyens possibles, la masse des fumiers qu'il leur rend; il a soin de réimporter non pas seulement trois ou quatre élements, suivant les déplorables prescriptions d'un enseignement funeste, mais l'ensemble de tous les corps que l'on rencontre dans une bonne terre, et la matière organique y joue un rôle considérable. Le bon cultivateur cherche à avoir de riches prairies irriguées, et il acquiert, en outre, tous les engrais complémentaires qu'il lui est possible de se procurer, engrais de ville et engrais de mer, plâtre, marne ou chaux, guano et tourteaux, os et phosphates divers, débris animaux, nitrates et sels de potasse, eaux ammoniacales et résidus d'usines et de manufactures. En même temps qu'il se propose d'obtenir plus de denrées de vente, il s'attache aussi à faire produire au domaine, par des cultures fourragères et l'entretien d'un bétail plus nombreux, une plus grande quantité d'engrais.

Meule plus forte, tas de fumier plus gros. Agrandissement du grenier, élargissement de l'étable. Beaux champs de blé, belles cultures fourragères. Le parallélisme doit être rigoureusement maintenu.

L'élevage et l'engraissement sont les meilleurs moyens de se procurer de l'engrais aux conditions les plus économiques. Les éléments nécessaires aux plantes reviennent à meilleur marché par la confection du fumier avec le bétail que par toute autre méthode.

L'étable et la bergerie doivent équilibrer leurs recettes et leurs dépenses. A faire les recettes concourent les produits animaux et le fumier; plus les produits animaux se vendent dans de bonnes conditions, à meilleur marché revient le fumier. Les engrais du dehors doivent compléter celui-ci; ils ne peuvent pas le remplacer; ils sont utiles toujours, absolument nécessaires souvent, mais seuls ils ne sauraient être la base ni de la petite ni de la grande culture.

Arrière donc les fausses doctrines qui ont préconisé de prétendus engrais complets. Il n'y a que des engrais complémentaires. C'est, sur la question de la production végétale, le mot le plus profond de la science; ce sera le dernier mot de cette Trilogie.

FIN

TABLE ANALYTIQUE DES MATIÈRES.

I. — FORCE ET FAIBLESSE DE L'AGRICULTURE FRANÇAISE.

Les habitants des villes et les questions agricoles. —
Enquête ouverte en 1866 sur la situation et les besoins de l'agriculture. — Le présent et l'avenir de
l'agriculture en France. — Abaissement des prix de
vente des denrées agricoles. — Élévation des prix
pour le consommateur. — Les accroissements des
budgets. — La France ne produit pas trop. — Prospérité et décadence des diverses industries agricoles.
— Le métayage et le fermage. — Bienfaits de la liberté commerciale. — Détermination des prix de revient en agriculture. — Abus des moyennes. — Un
banquet agricole. — Réformes des impôts. — La
rente de la terre et la rente du capital. — La clause
de lord Kames. — L'absentéisme des propriétaires. —

FIN DE LA TABLE ANALYTIQUE DES MATIÈRES.

9284. — Imprimerie générale de Ch. Lahure, rue de Fleurus, 9, à Paris.

LIBRAIRIE DE .VICTOR MASSON ET FILS, PLACE DE L'ÉCOLE
DE MÉDECINE, A PARIS.

JOURNAL

DE

L'AGRICULTURE

Fondé et dirigé

PAR J. A. BARRAL

Le *Journal de l'Agriculture* a été fondé le 20 juillet 1866,
par M. J. A. BARRAL, avec le concours des principaux agrc-
nomes et praticiens; plus de 460 fondateurs et collaborateurs
sont venus en quelques semaines se grouper autour du savant
publiciste, qui pendant 25 ans de laborieux travaux a donné
tant de gages à la cause du progrès agricole, et le nom seul
du directeur est une garantie suffisante de la ligne que suivra
la nouvelle publication, à laquelle il consacre aujourd'hui son
expérience et sa science.

Aidé des avis du conseil nommé chaque année en assemblée
générale par la Société d'agriculteurs à laquelle appartient le
Journal, M. Barral défend avec énergie les intérêts et les
vœux de l'agriculture. Il a fait de son recueil une tribune toujours indépendante et toujours abordable à tout cultivateur, à
tout écrivain consciencieux qui a une idée à émettre sur les
choses agricoles.

Toutes les branches de l'agriculture nationale y sont trai
tées avec le même soin; la petite aussi bien que la grande, la

culture par métayage aussi bien que la culture par fermage ou par les propriétaires eux-mêmes avec maîtres valets; les cultures du Midi aussi bien que celles du Nord; celles de la vigne, de la betterave, du mûrier, de l'olivier, et de toutes les plantes industrielles, aussi bien que celles des céréales et des plantes fourragères, celles du potager et du jardin de la ferme aussi bien que celles des champs.

Des chroniques reçues d'Italie, d'Espagne, d'Allemagne, de Belgique, d'Angleterre et d'Algérie mettent les cultivateurs au courant du progrès dans ces différents pays. Un courrier d'Angleterre, de Belgique et d'Allemagne donne dans chaque numéro les nouvelles agricoles et commerciales de ces deux contrées. Une bibliographie soignée rend compte de toutes les publications agricoles. Toutes les solennités et concours du Gouvernement ou des Sociétés d'agriculture donnent lieu à des comptes rendus détaillés.

Depuis le 1er janvier 1867, le *Journal de l'Agriculture* a été fusionné avec le *Journal de la Ferme et des Maisons de campagne*, que notre maison avait fondé pour faire suite au *Livre de la Ferme et des Maisons de campagne*, vaste encyclopédie où les hommes les plus compétents avaient, sous la direction de M. P. Joigneaux, résumé les progrès de l'agriculture depuis un quart de siècle.

Plusieurs des principaux collaborateurs du *Journal de la Ferme* sont venus mettre leur plume au service du *Journal de l'Agriculture*, dont la notoriété et l'influence se sont accrues de celles du recueil avec lequel il se fondait.

Le *Journal de l'Agriculture* présente une double publicité. Tous les quinze jours, le 5 et le 20 de chaque mois, il donne les travaux les plus étudiés sur l'ensemble de toutes les questions agricoles. En outre, tous les samedis, ses abonnés reçoivent un *Bulletin hebdomadaire* qui donne, avec un grand soin, le mouvement commercial et le cours de toutes les denrées agricoles, des notes sur l'état des récoltes, et une revue succincte des faits agricoles les plus importants qui ont pu se passer dans la semaine. Il publie donc 76 numéros par an. Les 24 numéros de quinzaine forment quatre volumes trimestriels. Les 52 numéros hebdomadaires ont une pagination spéciale et forment le cinquième volume annuel du *Journal*. ON PEUT S'Y ABONNER SÉPARÉMENT POUR 8 FR. Ainsi est résolu le problème d'un journal agricole à très-bon marché, sans que cependant aucune des grandes questions que l'agriculture a besoin de voir approfondir et résoudre soit négligée, car les 24 gros numéros de quinzaine suffisent, mieux que toute autre publication, à l'insertion de tous les mémoires, de tous les documents qu'exige le progrès accéléré de l'agriculture française.

Les abonnés au *Bulletin* seul reçoivent 52 numéros, un chaque samedi. Les abonnés au *Journal* reçoivent 76 numéros, un tous les dimanches, plus un cahier très-développé, le 5 et le 20 de chaque mois.

Chaque numéro est illustré d'un grand nombre de figures noires, et il y est joint souvent une planche coloriée dont l'exécution est confiée aux artistes les plus autorisés.

Le prix de l'abonnement annuel est de **30** francs.

Six mois, **16** francs. — Trois mois, **8** francs.

Le *Bulletin hebdomadaire* seul, **8** francs.

Les abonnements partent du 1ᵉʳ de chaque mois.

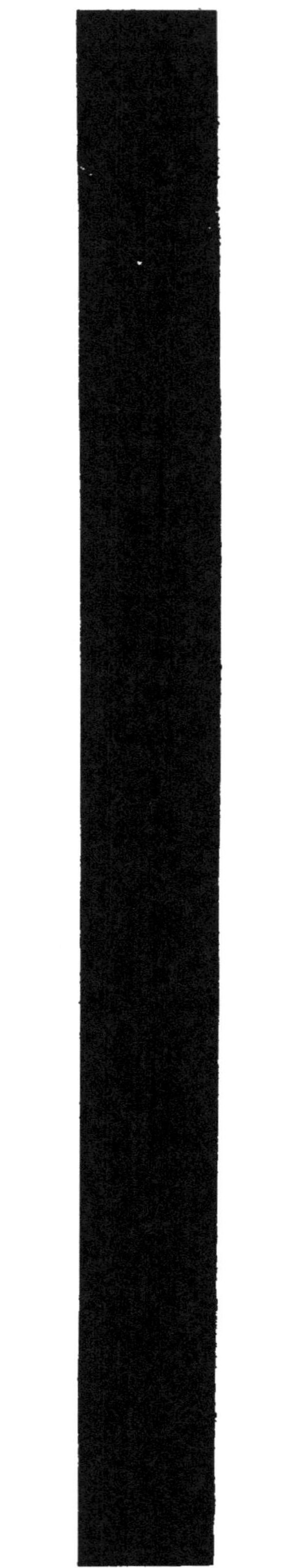

... grand in-8 jésus, de 2160 pages, imprimés sur deux colonnes, avec 1720 figures intercalées dans le texte . . 32 fr.

Ouvrage auquel la Société [...] des animaux a, dans sa séance solennelle de 1865, décerné une médaille de vermeil.

[...] à [...], par P. JOIGNEAUX. 2e edition. 1 vol. grand in-18, avec figures dans le texte. . . . . 1 fr.

Traité élémentaire d'agriculture, par M. le professeur GIRARDIN, et M. A. Du BREUIL. 2e édition. 2 vol. grand in-18, avec nombreuses figures dans le texte. . . . . fr.

Des fumiers et autres engrais animaux, par M. le professeur GIRARDIN. 2e édition, revue, corrigée et augmentée. 1 vol. in-18, avec figures dans le texte . . . . fr. 50

[...] des arbres fruitiers, par M. Du BREUIL. [...] édition [...] in-18, avec 191 figures . . . . 2 fr. 50

Culture [...] la moins coûteuse du [...], par M. A. Du BREUIL. 1 vol. in-18, figures. . . . . . . fr. 50

Manuel d'arbor[...] des ingénieurs. Plantations d'alignement forestières et d'ornement, boisement des dunes, des talus, haies vives des parcelles excédantes des chemins de fer, par M. DU BREUIL. 1 vol. in-18, avec figures dans le texte . . . . 3 fr. 50

Les Veillées de la Ferme du Tourne-Bride, ou Entretiens sur l'agriculture, l'exploitation des produits agricoles et l'arboriculture, par P. JOIGNEAUX. 1 vol. in-12, avec figures. . . . . 1 fr.

L'Agriculture à l'Exposition de Londres en 1862, par M. A. JOURDIER. 1 vol. in-18 . . . . 1 fr.

Le Nouveau Théâtre d'agriculture, ou Description raisonnée des travaux nécessaires à la culture des terres, accompagnée d'une étude comparative des auteurs latins qui ont écrit sur l'agriculture, par M. [...] 1 vol. in-8 . . . . 7 fr. 50

Culture du chasselas à Thomery, par M. ROSE-CHARMEUX. 1 vol. grand in-18, avec figures. . . . . 2 fr.

Traité de pisciculture pratique, ou des procédés de multiplication et d'incubation naturelle et artificielle des poissons d'eau douce, par M. [...] 1 vol. in-18, avec nombreuses figures. . . . 2 fr. 50

Imprimerie générale de Ch. Lahure, rue de Fleurus, 9, à Paris.